わかる！使える！

作業工具・取付具入門

澤 武一 [著]
Sawa Takekazu

日刊工業新聞社

【 はじめに 】

作業工具は家庭から生産現場（身近なところから仕事場）まで、あらゆる場面で使用される手動工具の総称です。ドライバやペンチ、ニッパ、ハンマなどは作業工具の代表例で、みなさんの自宅にも1つや2つはあると思います。作業工具は一昔前までホームセンターなどの専門店でしか購入できませんでしたが、最近では100円ショップでも購入でき、一層身近な存在になっています。作業工具は身近で簡単に使用できますが、使用頻度が多いからこそ、ねじ穴が潰れた、ボルトやナットの頭が変形した（舐めた）、ボルトやナットが取れない、ボルトが折れたなど多くのトラブルが発生しているのが実情です。

　トラブルが発生する原因はいくつかありますが、主因は①日本工業規格（JIS）規定に沿わない粗悪な作業工具を使用すること、②種類が豊富なため正しく使い分けていないこと、③原理や仕組みを知らず、正しい使い方をしていないこと（勝手な使い方をしている）などが挙げられます。

　作業工具はJISの規定に沿わないものも流通している一方で、作業工具で取り扱う「ねじやボルト、ナット」などは部材を締結するための機械要素部品であるため安全保証が重要で、寸法や硬さ、強度など品質が細かくJISで規定されています。つまり、JISに規定されたものを扱うには、JISに規定された作業工具を使用しないとしっかりと適合しないということです。

　作業工具は同じ機能でも種類が豊富で、いろいろな種類をもっていた方がさまざまな場面で対処しやすく便利ですが、種類が多いということは、選択する基準が正しくないと失敗する確率が高くなるということです。また、作業工具は同じものでもプロが（仕事で）使用する高価なものから、初心者が（家庭で）使用する安価なものまでいろいろあります。作り込みや使い勝手、価格など何を重点に考えるかで良し悪しの評価は変わりますが、それなりの価格のものはJISの規定に沿っていることはもちろんのこと、安全性や耐久性が優れているなど必ず選択する理由があります。作業工具を購入するときにはJIS表記のあるものを選び、良い製品を長く使うという意識をもっていただきたいと思います。「Good toolで、Good work」が合い言葉です。

このような見地のもと、本書では使用頻度の高い作業工具を取り上げ、JISに規定されている仕様や機能などの決まりごと、種類による特徴と使い分けの指針、原理に基づいた正しい使い方について写真と図を多用して解説しました。作業工具は原理を知り、正しく使用すればトラブルを回避でき、工具や部品の破損、作業中の事故やケガを防ぐことができます。本書が作業工具に詳しくなるきっかけになり、トラブル低減の一助になれば幸いです。

　最後になりましたが、本書を執筆する機会を与えていただきました日刊工業新聞社の奥村功出版局長、執筆、編集、校正に際し、ご懇篤なご指導、ご鞭撻を賜りましたエム編集事務所の飯嶋光雄さまにお礼申し上げます。

　本書は上記の方々のご協力、ご支援がなければ完成しなかったことを記し、重ねて深謝申し上げます。

　　2018年10月　　　　　　　　　　　　　　　　　　　　　　澤　武一

わかる！使える！作業工具・取付具入門

目　次

【第1章】
締緩工具
<small>ていかん</small>

1　ドライバ

1. マイナスドライバ（ねじ回し）・**8**
2. プラスドライバ（十字ねじ回し）・**12**

2　スパナとレンチ

3. スパナ・**20**
4. めがねレンチ・**26**
5. コンビネーションスパナ・**30**
6. モンキレンチ・**32**
7. 六角棒スパナ・**36**

3　組み合わせ自由なレンチ

8. ソケットレンチ・**40**
9. ソケットレンチ用ハンドル・**46**
10. ソケットレンチ用アタッチメント・**48**

4　特殊なレンチ

11. ボックスレンチ・**50**
12. トルクスレンチ・**52**

【第2章】
把握・切断工具

1　多機能工具

1. ペンチ・**58**
2. ラジオペンチ・**64**

2 切断専用工具
3. ニッパ・**68**

3 口の開きを可変できる工具
4. コンビネーションプライヤ・**72**

4 材料をキズ付けず曲げる工具
5. 丸ペンチ・**76**

5 丸材を掴めて回せる工具
6. パイプレンチ・**78**

【第3章】
取付具・固定具

1 万力
1. 横万力・**84**
2. いろいろな万力・**88**
3. マシンバイス・**92**

2 チャック
4. スクロールチャック（三つ爪スクロールチャック）・**94**
5. 生爪成形ホルダ（チャックメイト、ジョーロック）・**98**
6. 四つづめ単動チャック（インデペンデントチャック）・**100**

3 磁力を使ったチャック
7. 電磁チャック・**102**
8. 永久磁石チャック（永磁チャック）・**106**
9. マグネットスタンド・**108**

4 ドリルチャック
10. ドリルチャック・**110**

【第4章】
手仕上げ作業で使用する工具

1 ハンマ

1. 片手ハンマ・**116**
2. いろいろなハンマ・**118**

2 やすり

3. 組やすり・**121**
4. 鉄工やすり・**122**
5. 紙やすり・**126**

3 のこぎり

6. 金切鋸（金のこ）・**128**

4 といし

7. 油といし（オイルストーン）・**132**

5 ポンチ

8. ポンチ（センタポンチ）・**134**

- 参考文献・**137**
- 索引・**138**

【 第 **1** 章 】

締緩工具

1 ドライバ

1. マイナスドライバ（ねじ回し）

❶ JISによる決まりごと

図1-1-1に、「マイナスドライバ」を示します。マイナスドライバはJIS B 4609に規定されています。私たちはマイナスドライバと呼んでいますが、JISでは「ねじ回し」という古典的な名称になっています。

❷ 普通形と貫通形

図1-1-2に示すように、マイナスドライバは「普通形」と「貫通形」があり、普通形は本体と握り部がピンなどで固定された構造で、本体が握り部の途中までしかありません。

一方、貫通形は本体が握り部を貫通した構造で、本体が握り部を貫通しています。貫通形は錆びたねじや強固に締め付けたねじなどを回す場合、本体の先端をねじのすり割りに押し当て、握り部の端面をハンマで叩いて、ねじに衝撃

図1-1-1　マイナスドライバ

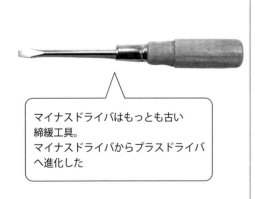

マイナスドライバはもっとも古い締緩工具。
マイナスドライバからプラスドライバへ進化した

① ドライバは「小は大」を兼ねない：
ドライバは小さくても大きなねじを回転させることができるが、これがトラブルの主因。ドライバは「小は大」を兼ねない。

② 7:3の法則：ドライバを回す時は「押す力7、回す力3」割合が基本。とくに固く締まったねじを緩める場合は、ドライバの先端がすり割りや十字穴から外れ、損傷しないように押す力を強くする。

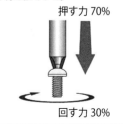

押す力70%

回す力30%

| 図 1-1-2 | 貫通形と普通形 |

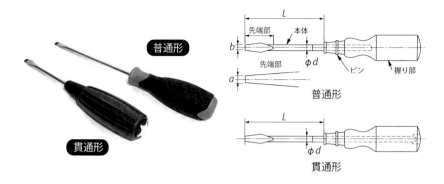

| 図 1-1-3 | はつり作業 |

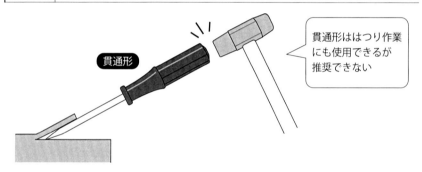

貫通形ははつり作業にも使用できるが推奨できない

を加え、緩めるような使い方ができます。また、タイルを剥がしたりなど「はつり作業」にも使用できます（ただし、先端が摩耗しやすく、ねじや材料など叩かれる側も損傷するため、推奨する使い方ではありません。また、普通形は本体が貫通していないので握り部の端面を叩くことはできません。**図1-1-3**参照）。

　普通形、貫通形ともに先端部から5mm以内の硬さは52HRC程度に熱処理されているので硬く、先端は摩耗しにくくなっています。最近では、耐摩耗性を向上させるために、めっきやコーティングを施したものもあります。また、先端部に「磁性がある」ものと、「ないもの」があり、磁性があるものは磁力によりねじを接着できる利点があります。

❸普通級（H）と強力級（N）

　マイナスドライバは本体の太さの違いによって、「普通級」と「強力級」があります。強力形は普通形よりも本体の太さ（図1-1-2 ϕdの寸法）が太く、回す力が強くなります。握り部を回転させた場合、本体の先端が回転する力は

本体が太いほど、偶力が大きくなるため、先端部の寸法（図1-1-2 bの寸法）が同じでも大きな回転力を伝えることができます。一方、本体の太さが細いほど偶力が小さくなるため、ねじに十分な回転力を伝えることができません。なお、普通級は「H」、強力級は「N」で表記されます。

❹マイナスドライバの規格

表1-1-1に、マイナスドライバの規格を示します。マイナスドライバの大きさは呼び（本体先端の幅bの寸法×本体の長さLの寸法）で分類され、8種類あります。表のように、通常は先端部の幅が大きくなるほど本体も長くなりますが、本体の長さは作業環境に適するように、短いものも市販されています。

❺使用する時の注意点と失敗しないコツ

マイナスドライバを使用する際にもっとも注意することは、ドライバの先端の幅bの寸法とねじの「すり割り」の幅が一致するものを使用することです。ドライバの先端の幅がねじのすり割りよりの幅も大きければ、ドライバの先端がすり割りに入らないため、ねじを回すことができません。しかし、ドライバの先端の幅がねじのすり割りの幅よりも小さければ、ドライバの先端がすり割りに入るため、とりあえずねじを回すことができます。しかし、ドライバの先端の幅がすり割りよりの幅よりも小さいときには、十分な回転力を与えることができない上に、回転時にドライバの先端がすり割りから外れやすく、すり割りを損傷させる主因になります。ねじやボルトはHRC20～45程度で、ドライバの先端はHRC52です。ねじやボルトはドライバの先端よりも軟らかいため、ドライバの先端が外れると、すり割りを損傷してしまいます（**図1-1-4**参照）。

表1-1-1 マイナスドライバの規格

（単位mm）

呼び	L	本体 d				先端部 a		b	
		強力級		普通級		基準寸法	許容差	基準寸法	許容差
		基準寸法	許容差	基準寸法	許容差				
4.5×50	50	5		5		0.6		4.5	±0.2
5.5×75	75	5.5		5		0.7		5.5	
6×100	100	6		5.5		0.8		6	
7×125	125	7	+0.4 −0.2	6	+0.4 −0.2	0.9	±0.1	7	±0.3
8×150	150	8		7		1.0		8	
9×200	200	9		8		1.1		9	
10×250	250	9		8		1.2		10	
10×300	300	9		8		1.2		10	

マイナスドライバを上手に使うコツは、ドライバの先端の幅（図1-1-2 *b*の寸法）がねじのすり割りの幅よりも大きいものから順番に差し込んでいき、両者の寸法が一致するものを探すことです。ドライバの先端の幅がすり割りの幅よりも小さなものから差し込んでいくと、ドライバの先端とすり割りに隙間が生じ、そのまま回すと、必ずすり割りを痛めてしまいます。

❻7：3の法則

ドライバを回転させるときの力の入れ具合は、「ねじを軸方向に押す力」と「回転する力」の割合を「7：3」にすることです。ドライバを回す際、ドライバを軸方向に押すことにより、ドライバの先端がすり割りから外れることを防ぎ、すり割りの損傷やケガを防止することができます。

❼丸軸と角軸

なお、図1-1-5に示すように、ドライバの本体には「丸軸」と「角軸」があります。丸軸は本体を手で支えながら回す際に使いやすく、角軸はスパナなどを使用することにより、高いトルクで締め付けることができます。

図 1-1-4　マイナスドライバの使用上の注意

図 1-1-5　ドライバの軸（丸軸と各軸）

丸軸（○）と角軸（□）
ドライバの本体には、丸軸と各軸があり、丸軸は軸を手で支えながら回す際に使いやすく、角軸はスパナなどを使用することにより、高いトルクで締め付けることができる。

1 ドライバ

2. プラスドライバ（十字ねじ回し）

❶ JISによる決まりごと

図1-2-1に、「プラスライバ」を示します。プラスドライバはJIS B 4633に規定されており、JISでは「十字ねじ回し」という古典的な名称になっています。昔のねじの頭はすり割りが主流であったため、マイナスドライバが多用されていましたが、すり割りよりも拘束力が強い十字形が考案されました。そして、これにともないアメリカのフィリップス・スクリュー社によってプラスドライバが発売され、広く普及しました。

❷ 普通形と貫通形

表1-2-1に、プラスライバの種類を示します。プラスドライバもマイナスドライバと同様に、「普通形」と「貫通形」があり、普通形は本体と握り部がピンなどで固定され、本体は握り部の途中までしかありません。

一方、貫通形は本体が握り部を貫通した構造です。貫通形は錆びたねじや強固に締め付けたねじなどを回す際、ドライバの先端をねじのすり割り（十字形）に押し当て、握り部の端面をハンマで叩いて、ねじに衝撃を加えることも可能です。

プラスドライバは普通形、貫通形ともに先端部から5mm以内の硬さはHRC53以上または560HV以上と規定されているので、マイナスドライバよりも先端が少し硬くなっています。また、先端部に「磁性がある」ものと、「な

図 1-2-1　プラスドライバの各部の名称

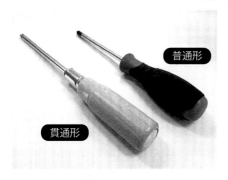
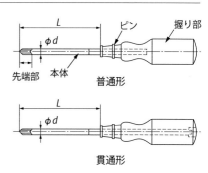

いもの」があり、磁性があるものはねじを接着できる利点があります。

❸プラスドライバの規格

表1-2-2に、プラスドライバの規格を示します。プラスドライバは「H形」と「S形」の2種類があります。H形は呼び番号で分類され、1番～4番があります。1番は本体の太さ（図1-2-1 ϕdの寸法）がϕ5mm、4番は本体の太さがϕ9mmというように、呼び番号が小さいほど本体の太さが小さく、呼び番号が大きいほど本体の太さが大きくなります。慣用的に1番が小、2番が中、3番が大、4番が特大と呼称されることもあります（図1-2-2参照）。

なお、本体が角形の場合には基準寸法（図1-2-1 dの寸法）は、面の幅にな

表 1-2-1 | プラスドライバの種類

適用する十字穴による種類	H形、S形
本体と握り部との結合方法による種類	普通形、貫通形
磁力の有無による種類	磁力あり、磁力なし

表 1-2-2 | プラスドライバの規格

(単位mm)

種類		H形				S形
呼び番号		1番	2番	3番	4番	―
$d^{(1)}$	基準寸法	5	6	8	9	3または4
	許容差	+0.4 −0.2				
$L^{(2)}$		75	100	150	200	75

注 (1) 丸形のものは直径、角形のものは二面幅とする。
　 (2) Lの寸法は、用途によって短くすることができる。

図 1-2-2 | プラスドライバの大きさ

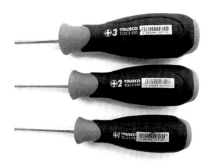

呼び番号が大きくなるほど本体が大きくなる。ドライバの番号と十字穴の番号を合わせる。ドライバの番号と十字穴の番号が一致したときは、磁性がなくてもドライバと十字穴は密着する

ります。また、通常、本体が太くなるほど図1-2-1 *L*の寸法も長くなりますが、作業環境に合わせて全長が短いものも市販されています。JISでは、プラスドライバの先端はHRC53以上または560HV以上と規定されているので、マイナスドライバ（HRC52）よりも少し硬いです。

S形は2mm以下のねじに使用され、一般に精密ドライバ、マイクロドライバと呼ばれるものに相当します（表1-2-2、**表1-2-3**、**表1-2-4**参照）。

❷ねじ用十字穴の種類（H形、S形、Z形）

図1-2-3に、「H形、S形、Z形」の十字穴を示します。十字穴はJIS B 1012に規定されており、H形、S形、Z形の3種類があります。

H形はフィリップス系のねじで、日本国内で使用されているもっとも一般的な形状です。H形は大きさによって0番〜4番に分類され、0番が小さく、4番が大きくなります。1番の十字穴にはプラスドライバの1番が適合し、2番の十字穴にはプラスドライバの2番が適合するというように、十字穴の番号とドライバの呼び番号を合わせて使用します。

S形はカメラ、めがねなど精密機器に使用される呼び径（ねじ部の外径）2mm以下のねじで、H形の0番に相当します。したがって、S形の十字穴にはプラスドライバの0番（精密ドライバ、マイクロドライバ）が適合します。Sはスペシャル（Special）の頭文字です。

Z形は「ポジドライブ」と呼ばれ、イギリスのEIS社が特許を持つ十字穴です。欧米で多く使用されています。Z形は十字穴の間に薄く×（バツ）印のような線が入っています。H形は回す際、ドライバの先端が十字穴から浮き上がりやすく（カムアウトしやすく）、十字穴を損傷することがありますが、Z形は浮き上がりにくく、回転力が伝わりやすいことが特徴です。

JISでは十字穴の種類としてH形、S形、Z形の3種類を規定している一方、プラスドライバはH形とS形しか規定していませんので悩ましいですが、Z形のプラスドライバは市販されています。つまり、H形の十字穴にはH形のプラスドライバ、S形の十字穴にはS形のプラスドライバ、Z形の十字穴にはZ形のプラスドライバを使用するということです。

なお、H形の十字穴にはZ形のプラスドライバは入らないので問題ありませんが、Z形の十字穴にH形のプラスドライバが入ります。Z形の十字穴にH形のプラスドライバを使用すると十字穴が損傷するため絶対に使用してはいけません。

H形（フィリップス規格）は「JPH」、Z形（ポジドライブ規格）は「PZ」と表記されることもあります。

表 1-2-3 ねじ用十字穴の種類

種類	適用するねじ部品
H形	ねじの呼びM1.6以上の一般用ねじ部品
Z形	
S形	ねじの呼びM2以下のねじ部品およびM3以下の小頭のねじ部品

表 1-2-4 プラスドライバの規格とねじの対応

サイズ	No.00	No.0	No.1	No.2	No.3	No.4
呼称[※1]	−	マイクロ	小	中	大	特大
対応するねじの大きさ（H形）	−	M1.6 M2.0	M2.5 M3	M3.5 M4 M5	M6	M8 M10
用途	No.0より小さい	時計、めがねなどに使用	一般的			

※1：呼称は一般的な呼び方

図 1-2-3 H形、S形、Z形のねじ穴

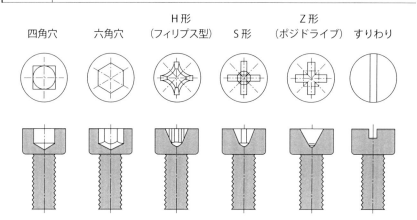

❸使用する時の注意点と失敗しないコツ

　プラスドライバはマイナスドライバに比べて締付力が大きいことに加え、ドライバの先端を十字穴に差し込めば、必然的にドライバと十字ねじの回転中心が一致することが利点です。マイナスドライバでは意識的にドライバとすり割りねじの回転中心を一致させることが必要でしたが、プラスドライバは十字の

形状が回転中心を一致させるので、回す以外の余計な気を使う必要がありません。

　プラスドライバもマイナスドライバと同様に、十字穴よりも大きいものから順番に差し込み、ドライバの先端と十字穴が適合するものを選びます（**図1-2-4参照**）。小さいものから差し込んでいくと、十字穴とすき間があっても差し込むことができてしまい、そのまま回すと十字穴を痛めます。

　プラスドライバはねじを締める際や緩める際、ドライバの先端が浮き上がりやすいため（カムアウトしやすいため）、ドライバを回すときの力の入れ具合は、ねじを「軸方向に押す力」と「回す力」の割合を「7：3」にします。ねじを軸方向に押すことにより、先端が十字穴から外れることを防ぎ、十字穴の損傷やケガを防止します（**図1-2-5参照**）。

❹ボルスター

　図1-2-6に示すように、手で握る部分（グリップ）と本体の軸の間が六角形になっているものがあります。この六角部分は一般に「ボルスター」と呼ばれています。ボルスターは固く締まったねじを回す時など大きなトルクが必要なとき、この部分にスパナなどを掛けて回すことできます。片手で押し回するよりも、片方の手でドライバを押し込み、もう片方の手でスパナを回すことで、理想的な押し回しができます（回転力を伝えることができます）。

❺いろいろな持ち手

　図1-2-7、図1-2-8に示すように、ドライバの持ち手の材質、形状にはいろいろなものがあります。

材 質

木材…木は伝統的なもので、油手でも滑りにくいという利点があります。油環境で使用する際には持ち手の材質は木材がよいでしょう。

樹脂…樹脂には表面に弾力があるもの（ソフト）と硬く、耐久性があり汚れにくいもの（ハード）の2種類があります。表面に弾力があるものはエラストマー、硬いものはアセチロイドなどの硬質樹脂が使用されています。電化製品などの分解、組立には絶縁素材である樹脂が適しています。

形 状

　細長いものと球状（ボール）のものに大別されます。細長いものは断面が丸、四角、六角など色々なものがあります。柄が細いので、偏狭な場所での作業に適しています。

　球状（ボール）のものは一般に「ラウンドタイプ」と呼ばれ、手のひらで包み込むように持てるため、押し回しがしやすいのが特徴です。このため、木ねじを回す時に適しています。また、力の弱い女性向きともいるでしょう。

| 図 1-2-4 | プラスドライバと十字穴の種類を合わせる |

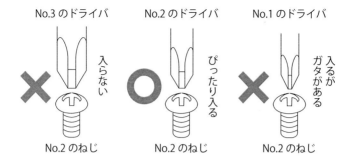

| 図 1-2-5 | ドライバを回すときの力の入れ具合 | 図 1-2-6 | 理想的な押し回しができる「ボルスター」 |

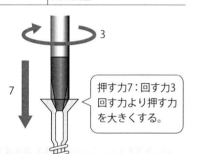

スタビドライバ
軸の全長が短く、偏狭な場所での作業に適している

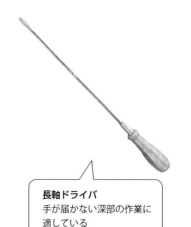

長軸ドライバ
手が届かない深部の作業に適している

❻精密ドライバ

図1-2-9に、精密ドライバのセットを示します。時計やめがねなどに使用される小さなねじ用のドライバです。図に示すように、ねじを締める時は人差し指で柄の端部を押しながら、親指と中指で柄を回します（軸方向に押しながら回します）。一方、ねじを緩める時は柄を握り、軸方向に押しながら回します（カムアウトしないように回します）。

> ※ねじの日…6月1日は「ねじの日」です。1949年6月1日に工業標準化法が制定され、JISによってねじの規格が標準化されたことにちなんで定められました。

図 1-2-7 │ 持ち手の材質

持ち手の種類	ハードタイプ（樹脂）	ソフトタイプ（樹脂）	木材	ステンレス
特長	耐久性があり汚れにくい。汚れを簡単に拭き取ることができる。	弾力があり滑りにくい。疲れにくく、長時間の作業や女性に適している。	木の質感が手になじみやすい。油手でも滑りにくい。	耐食性、耐薬品性、衛生面に優れている。錆びにくい。
使用分野	分野問わず			食品や医療など

図 1-2-8 │ 持ち手の形状

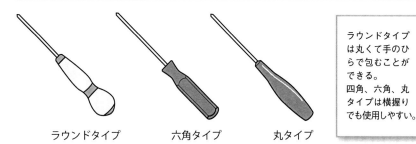

ラウンドタイプは丸くて手のひらで包むことができる。
四角、六角、丸タイプは横握りでも使用しやすい。

図 1-2-9 精密ドライバ

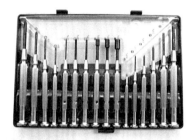

押しながら回す

※輪ゴムを使う…十字穴よりも小さいサイズの精密ドライバしかない場合、ドライバの先端を輪ゴムを介して十字穴に入れると、ゴムが隙間を埋める作用をし、回すことができることがある。応急処置には有効な手段です。

要点ノート

① プラスドライバ、十字穴には国内で主流のH形（フィリップス規格）とヨーロッパで主流のZ形（ポジドライブ規格）があります。それぞれ使い分けなければいけません。

② プラスドライバもマイナスドライバと同様に大きいものから十字穴にはめていきます。ドライバの先端が十字穴よりも小さい場合には、十字穴を痛めてしまい、ねじが取れなくなってしまいます。ドライバは大きいものから十字穴に挿入し、十字穴よりも小さいものは使用しない。

③ 安価なものは各部の寸法がJIS規格に適合していないものもあるため、このようなドライバでは先端と十字穴が合致せず、ねじ穴を痛めてしまうことになるので注意が必要です。

④ ドライバを回す際、ドライバの先端がすり割りや十字穴から浮きあがる現象を「カムアウト」といいます。Z形（ポジドライブ）はカムアウトしにくいことが特徴です。

⑤ プラスドライバはドライバと十字穴の番号が一致すれば、ドライバとねじ穴が完全に一致し、はまり合うためドライバに磁性がなくてもねじは落下しません。

⑥ プラスドライバの呼び番号には1〜4番があり、ねじ用十字穴の呼び番号に0〜4番があります。プラスドライバに0番にはありません。ねじ用十字穴の0番にはプラスドライバのS形が適合します。

⑦ プラスのドライバは呼び番号で規格化されおり1番、2番、3番が多用されます。

【2】 スパナとレンチ

3. スパナ

❶ JISによる決まりごと

図1-3-1に、「スパナ」を示します。スパナはJIS B 4630に規定されており、ボルトやナットなどの取り付け、取り外しに使用する作業工具です。

スパナは頭部が丸を帯びた形状の「丸形」と、頭部が少し尖った「やり形（槍のように例えて名付けられた）」があります。丸形、やり形ともに片端だけに口がある「片口」と、両端に口がある「両口」があります（図1-3-2参照）。

❷ 丸形とやり形の特徴

丸形は厚み（図1-3-1 tの寸法）がやり形よりも厚く、大きなトルク（回転力）が掛かる大径のボルトやナット用に適しています。一方、やり形は丸形に比べて厚みが薄く、軽いので、作業環境が狭いときなどに取り扱いやすいことが利点です。丸形は強度、やり形は使いやすさというのがわかりやすいでしょうか。

スパナの形状には「丸形」と「やり形」がありますが、もともとは「丸形」しかなく、後に「やり形」が開発されました。「丸形」は先端が丸みを帯びているため偏狭部で干渉するなど使いにくかったのですが、先端がスリムな「やり形」が開発され、現在では「やり形」が主流になっています。

図1-3-1 | スパナ（片口と両口）

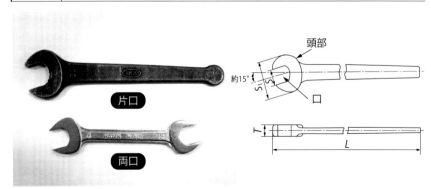

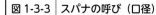

図 1-3-2	丸形とやり形

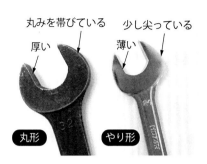

図 1-3-3	スパナの呼び（口径）

表 1-3-1 | スパナの規格

種類		等級	等級を表す記号
頭部の形状による種類	口の数による種類		
丸形	片口	普通級	N
		強力級	H
	両口	普通級	N
		強力級	H
やり形	片口	—	S
	両口		

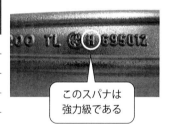

❸普通級と強力級

　丸形には「普通級」と「強力級」があり、普通級は「N」、強力級は「H」で表記します。口の硬さは普通級が36HRC、強力級は39HRC以上です。強力級は普通級よりも約1.5倍のトルクを掛けることができます。やり形は強力級がなく普通級のみでSで表記されます（**表1-3-1**参照）。

❹呼び（口径）

　ボルトやナットをはさむ空間を「口（くち）」といい、スパナの大きさは口の二面幅の寸法（mm）で表します。JISでは二面幅の寸法を「呼び」と定義していますが、慣用的には「口径」といわれることもあります。たとえば、呼び（口径）5.5のスパナの口の二面幅は5.5mm、呼び（口径）10のスパナの口の二面幅は10mmになります。両口で、二面幅12mmと14mmのスパナは「12×14」と表記されます（**図1-3-3**参照）。

❺使用する際の注意点と失敗しないコツ

　ボルトやナットを締め付ける際は、手の力で締められるところまでは手で締め付けます。手では締め付けることができない時点からスパナを使用します。手は回転角度が大きいため作業効率が高く、はじめからスパナを使用すると作業効率が悪くなります。

　スパナはボルトやナットと平行にし、かつ、口の奥がボルトやナットに当たるまでしっかりはめ込みます。スパナがボルトやナットと平行でない（傾いている）と、回転力を効率良く伝えられず、安定しません。また、口の掛かりが浅いと、回転時にスパナが外れてしまい、ケガやボルトを痛める原因になります。

　スパナを回転させる際はボルトやナットの軸が回転中心になることを意識して回します。また、ボルトやナットを軸方向に押し付けるように意識すると、スパナがボルトやナットから外れにくくなります。当然ですが、柄の端を握って回転させるほど回転力が大きくなります。

　図1-3-4に示すように、スパナは回転角が鈍角（90°より大きい角度）の場合には手前に引くように回し、一方、回転角が鋭角のとき（90°より小さい角度）のときには押すように使います。このように使うことで、力を掛けやすく、また手を挟むことを予防でき、安全に使用することができます。

　図1-3-5に示すように、スパナの口は柄の中心に対して15°傾いているので、偏狭な場所では表裏を交互に使うことで送り角60°でボルトやナットを回すことができます。

　スパナはボルトやナットと接する点が2点のため、大きな回転力が必要な締め付けや緩めは苦手としていますので注意が必要です。大きな力をかけるときはメガネレンチを使います。

❻絶対にやってはいけないこと！

　図1-3-6に、スパナを使用する際の注意事項を示します。

①サイズが合わないものを使用すること（ボルトとナットの幅に対してスパナの呼び（口径）が大きいと回転力が効率良く伝わらず、ボルトやナットの頭を潰すことになる）。

②口の先端だけでボルトやナットを挟むこと（スパナがボルトやナットから外れ、ケガに繋がる）。

③パイプなどを継ぎ足して使用すること（必要以上の力を加えると破損する）。

④ハンマなどで叩いて使用すること（打撃スパナは除く）。

⑤目的外の使い方をしないこと（ハンマなどの代わりに使用しない）。

図 1-3-4 使用する際のコツ（その1）

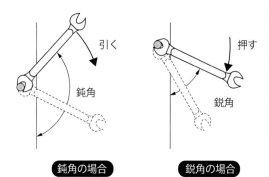

正しいスパナの使い方
ボルトやナットに対して、回転角が鈍角の場合にはスパナを手前に引くようにして使う。鋭角の場合には、スパナを押すように使う。持ち替えることで力を掛けやすく、手を挟むことを防ぐことができる。

鈍角なら引く、鋭角なら押す

図 1-3-5 使用する際のコツ（その2）

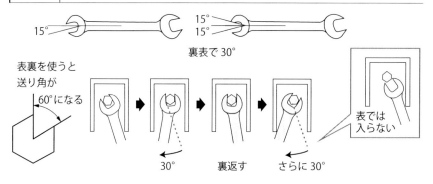

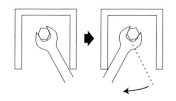

（KTC 京都機械工具株式会社ホームページ
『工具の基礎知識』を参考に作成）

正しいスパナの使い方
通常のスパナは頭部が柄に対して 15°傾いている。このため、図に示すように、裏表交互に使うことで回転角を 60°にできる。片側だけで使用するよりも回転角が大きくなり、効率良くボルトやナットを回すことができる。ただし、裏側で回す時は大きな力を加えることはできない。

スパナは表裏を使うと送り角 60°で使用できる

❼いろいろなスパナ

①**打撃スパナ**…柄をハンマで叩いて、強い力で使用できるスパナです。錆びついたり、硬く締め付けたボルトやナットを取り外すときや増し締めが必要なときに使用します（図1-3-7参照）。

②**タペットスパナ**…タペットとは自動車の部品の名称で、主として自動車整備に使用されるスパナです。通常のスパナよりも肉厚が薄く、柄が長いことが特徴です（図1-3-8参照）。

③**イグニッションスパナ**…イグニッション（ignition）は内燃機関の点火装置のことで、主として自動車整備に使用されるスパナです。通常のスパナは頭部の角度が15°傾いていますが、イグニッションスパナは60°傾いており、偏狭部での作業がしやすいようになっています。柄が薄いことも特徴です（図1-3-9参照）。

図1-3-6　絶対にやってはいけないこと

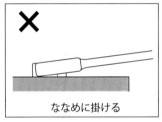

ななめに掛ける

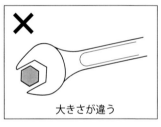

大きさが違う

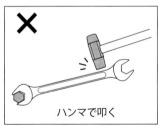

ハンマで叩く

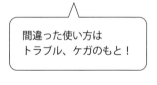

間違った使い方はトラブル、ケガのもと！

一口メモ

● **トルクツール** ●

トルクツールにはトルクドライバやトルクレンチなどがあり、締め付けるだけでなく、締め付けたトルク値を計測し、あらかじめ設定したトルクで締め付けられる工具。トルクツールは精密機器なので、丁寧に取り扱い、定期的に校正作業が必要です。

第1章 締緩工具

図 1-3-7 打撃スパナ

図 1-3-8 タペットスパナ

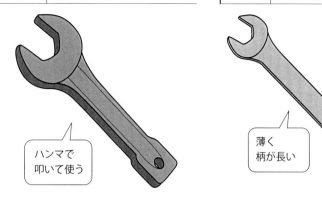

ハンマで叩いて使う

薄く柄が長い

図 1-3-9 イグニッションスパナ

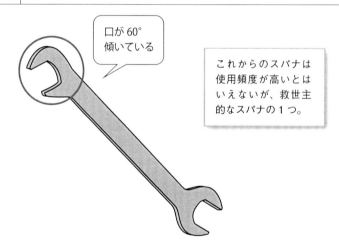

口が60°傾いている

これからのスパナは使用頻度が高いとはいえないが、救世主的なスパナの1つ。

一口メモ

● レンチとスパナは同じ ●

レンチ（wrench）はアメリカ英語（米語）、スパナ（spanner）はイギリス英語（英語）で、どちらも「ねじる、ひねる、回す」という意味は同じです。したがって、レンチとスパナは同じ意味です。日本では先端が開いた形状を「スパナ」といい、先端が閉じた形状を「レンチ」というのが一般的です。ただし、先端が開いた形状でも口幅が調整できるものは「モンキレンチ」、六角棒スパナは「六角レンチ」と言いますね。

2 スパナとレンチ

4. めがねレンチ

❶ JISによる決まりごと

図1-4-1に、「めがねレンチ」を示します。めがねレンチはJIS B 4632に規定されており、ボルトやナットの取り付け、取り外しに使用する作業工具です。

めがねレンチは口が輪になっており、めがねに似ていることから名付けられました。

表1-4-1に、めがねレンチの規格を示します。めがねレンチの大きさはスパナと同様に、口の「二面幅」（図1-4-1 *S*の寸法）で表します。たとえば、呼びが12×13のときは、片方の口の二面幅が12mm、もう片方の二面幅が13mmになります。

❷ フラット形とオフセット形

めがねレンチは柄が直線な「フラット形」と柄に角度がついた「オフセット形」があります。柄の角度を「オフセット角」といい、JISでは15°、45°、60°があります。オフセット形は平坦な場所のボルトやナットでも手を入れる空間が確保でき、凹んだ場所にあるボルトやナットにも使用できるのが特徴です。一方、オフセット形が入らないような奥まった空間にあるボルトやナットにはフラット形が適しています（図1-4-2参照）。

大きな回転力が必要な場合には柄が長いもの、反対に、大きな回転力が必要ではない場合には柄が短いものが持ち運びにも便利で有効です。同じ口幅でも柄が長い「長形」と柄の短い「短形」があります。本体の硬さは37HRC以上と規定されています。

❸ 使用時の注意点と失敗しないコツ

めがねレンチはボルトやナットを掴む箇所が輪になっているため、ボルト・ナットから外れにくいことが利点です。また、輪の中が12個の山形状（26角の山谷形状）になっており、ボルトやナットを6点で拘束できるため、スパナに比べて、ボルトやナットから外れにくく、狭い場所でも作業がしやすいこと、均等に回転力を伝えることが利点です。

一方、めがねレンチは規定トルク以上に締め付け過ぎる傾向にあり、強く締め過ぎるとボルトを折損することがあります。

図 1-4-1 | めがねレンチの形状

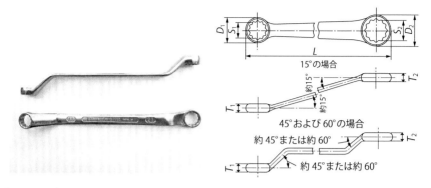

表 1-4-1 | めがねレンチの規格

（単位mm）

呼び	許容差 最小	許容差 最大
8、9	+0.03	+0.15
10、11	+0.04	+0.19
12、13	+0.04	+0.24
14、15、16	+0.05	+0.27
17、18	+0.05	+0.30
19、21、22、23、24	+0.06	+0.36
26、27	+0.08	+0.48

図 1-4-2 | 用途や場面に合わせて使いわける

（ロングタイプ）　　　　　　（ショートタイプ）

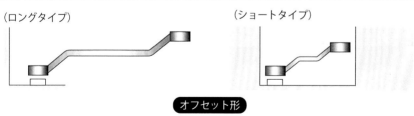

オフセット形

（ストレートタイプ）

フラット形

めがねレンチはオフセットレンチ、リングレンチという場合もある

めがねレンチの口幅がボルトやナットよりも大きいものを使用すると、口幅とボルトやナットの間に隙間ができるため、ボルトやナットの角部を痛めてしまいます。めがねレンチの口幅は必ずボルトやナットの幅と同じものを使用合わせて口幅を合わせること大切です。なお、表1-4-1に示すように、呼び（口径、口幅）が大きくなるほど、寸法許容差も大きくなります。

❹めがねレンチとスパナの違い

図1-4-3に、めがねレンチとスパナの違いを示します。図に示すように、めがねレンチは6点で、スパナは2点でボルトやナットと接します。さらに、回転力が6点に均等に伝わるため、めがねレンチはスパナよりもしっかりとボルトやナットを掴むことができ、回転させることができます。また、めがねレンチはボルトやナットを掴む部分が輪（リング）になっているため外れにくく、安全性に優れています。めがねレンチは輪（リング）の形状（6点）でボルトやナットを掴むため、頭部がスパナよりも小さく、偏狭部でも使いやすいという利点もあります。

❺絶対にやってはいけないこと！

図1-4-4に、めがねレンチを使用する際の注意事項を示します。

①ボルトやナットを締め付ける際、ハンマなどで叩かない（過剰に締め付けることになる）。

②ボルトやナットを締め付ける際、パイプなどを継ぎ足して使用しない（過剰に締め付けることになる）。

一口メモ

● **六角めがねレンチ** ●

通常のめがねレンチは十二角であるが、六角のものもあります。六角めがねレンチ（ヘックスめがねレンチ）は直線部が長く、締緩力が大きいため、頭が潰れかけたボルトやナットに効力を発揮します。

| 第1章 | 締緩工具 |

図 1-4-3　めがねレンチとスパナの違い

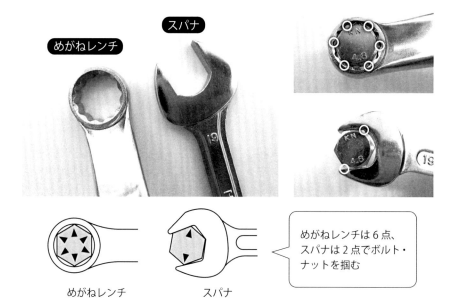

めがねレンチは6点、スパナは2点でボルト・ナットを掴む

図 1-4-4　絶対にやってはいけないこと

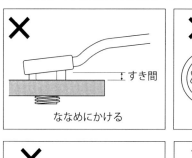

ななめにかける　　すき間

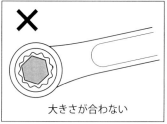

大きさが合わない

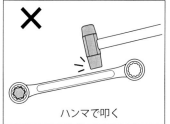

ハンマで叩く

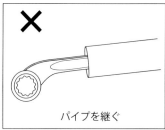

パイプを継ぐ

【2 スパナとレンチ

5. コンビネーションスパナ

❶JISによる決まりごと

　図1-5-1に、「コンビネーションスパナ」を示します。コンビネーションスパナはJIS B 4651に規定されており、片端がスパナ、もう片端がめがねレンチになっているもので、両端とも同じ口幅（口径）です。
　コンビネーションスパナはスパナ、めがねレンチと同様に、口径（口幅）で大きさが分類され、JISでは5.5～55まで規定しています。なお、全体の硬さはHRC39以上と規定されています。
　コンビネーションスパナは慣用的に「片目片口スパナ」と呼ばれることもあります。

❷使い分け

　コンビネーションスパナはスパナとめがねレンチの2つの工具を組み合わせた複合工具です。コンビネーションレンチを使用する時の注意点はスパナやメガネレンチと同じです。スパナはボルトやナットを2点で掴むため素早くかけなおすことができ、めがねレンチはボルトやナットを6点で掴むため、スパナよりも大きな回転力を加えることができます。
　コンビネーションスパナの基本的な使い方は、締める作業では、最初にスパナ側で効率よく回し、最後締め込む作業では、めがねレンチ側を使います。
　一方、緩める作業では、最初にめがねレンチ側で緩め、ある程度緩んだら、スパナ側で効率良く回します。このように、コンビネーションスパナはスパナとめがねレンチを使い分けることなく1本で作業を行うことができるのが利点です。コンビネーションスパナはスパナとめがねレンチの両方を買い揃えずに済むので、工具本数や購入費用を削減できます。

❸使用する時の注意点と失敗しないコツ

　スパナはボルトやナットを口の奥でしっかりくわえること、めがねレンチはボルトやナットにしっかり奥まで入れることを意識して使用します。

第 1 章 締緩工具

図 1-5-1 コンビネーションスパナ

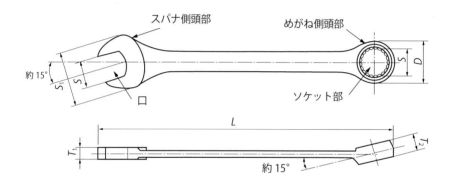

元祖「複合工具」

コンビネーションレンチは片方がスパナで、もう片方が同じ二面幅のめがねレンチになっている。
仮締めなどの早回しはスパナで、本締めはめがねレンチというように、1本で2役をこなすことができる。コンビネーションレンチは元祖複合工具である。

一口メモ

● **梨地と鏡面の違い** ●

スパナやめがねレンチには、表面がゴツゴツした「梨地」とピカッと輝く「鏡面」の2種類がありますが、機能的な違いはありません。どちらを購入し、使用するかは単純に好みだけです。ヨーロッパでは「梨地」、アメリカでは「鏡面」が多いと言われています。

❰2❱ スパナとレンチ

6. モンキレンチ

❶最大の特徴

　図1-6-1に、「モンキレンチ」を示します。モンキレンチはJIS B 4604に規定されており、主として、ボイルとナットの組み付け、取り外しに使用する作業工具です。各部の名称は図の通りです。

　モンキレンチは「ウォーム」と「ラック」の組み合わせにより口の開きを調整できるのが最大の特徴です。ウォームとラックは歯車の一種で、両者を組み合わせることによって回転運動を直線運動に切り替えることができます。ウォームとラックの運動伝達はウォームからラックの一方向で、ウォームを回すことでラックが動きます（口の開閉ができます）。反対に、モンキレンチの口を手で強制的に閉じようとしても口を閉じることはできません（ラックを動かそうとしてもウォームは回転しない）。

❷規格

　表1-6-1に、モンキレンチの規格を示します。モンキレンチは全体が鍛造でつくられたものと、下あごのみ鍛造でつくられ、下あご以外の部分は鋳造など鍛造ではない製法でつくられたもの（下あご鍛造品）の2種類があります。全鍛造品には「普通級」と「強力級」があり、普通級は「H」、強力級は「N」で表記されます。普通級、強力級ともに本体および下あごは鍛造加工したのち熱処理が施され、硬くなっています。モンキレンチは口の傾き角度が15°形と23°形（実際は22。5°）があります。下あご鍛造品は普通級、強力級の区別はなく、口の傾きも23°形しかありません。

　モンキレンチの大きさは「呼び」で分類され、呼び100〜600まで8種類あります。表に示すように、呼びは全長（図Lの寸法）を「−10」した値（Lの寸法から10を引いた値）になっています（表1-6-2参照）。モンキレンチの名称の由来は諸説ありますが、口幅を調節できるレンチを発明した「Charles Moncky（チャールズ　モンキ）」が起源であるといわれています。

❷使用時の注意点と失敗しないコツ

　図1-6-2に示すように、モンキレンチはボルトやナットを締めるときも、緩めるときも必ず下あご側に回して使用します。したがって、まずは回す方向と

第1章 締緩工具

図1-6-1 モンキレンチの各部の名称

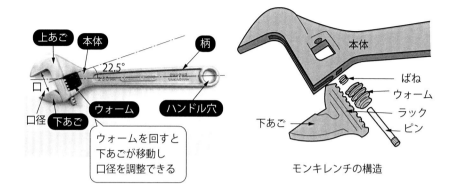

ウォームを回すと下あごが移動し口径を調整できる

モンキレンチの構造

表1-6-1 モンキレンチの規格

種類		等級	種類および等級を表す記号
加工方法による種類	口の傾き角度による種類		
全鍛造品	15°形	強力級	H
		普通級	N
	23°形[2]	強力級	H
		普通級	N
下あご鍛造品[1]	23°形[2]	−	P

注(1) 下あご鍛造品とは、本体が鍛造品でないものをいう。
　(2) 23°形とは、口の傾き角度が22.5°のものをいう。

表1-6-2 モンキレンチの呼びと全長

呼　び	100	150	200	250	300	375	450	600
全　長	110	160	210	260	310	385	460	610

（単位mm）

モンキレンチの方向を合わせることが大切です。

　モンキレンチの下あごは可動するという構造上、上あごよりも強度が小さく、下あごと逆側（上あご側）に回すと、下あごが広がる方向に力が作用するため、十分な回転力を伝えられません。また、下あごがレンチから外れやすく、下あごやボルト、ナットの頭部を痛めます（図1-6-3参照）。

　次に、ウォームを使い、口をボルトやナットとしっかりと密着させます。密着させたら水平に回します。回す際には、ボルトやナットを軸方向に押し付け

るようにしながら回転させると、レンチの口がボルトやナットから外れにくくなります。一方、口がしっかり閉まっていなかったり、斜めになっていると引っ掛かりが浅くなり、ボルトやナットの間に隙間が生じ、回す際、モンキレンチが滑ってボルトやナットの頭部を痛め、ケガにも繋がります。

❸表裏を使う

図1-6-4に、表裏を使い分ける例を示します。図に示すように、偏狭部で使用する場合、23°形（実際の角度22.5°）のモンキレンチの表裏を使用することにより、最大90°回すことができます。ただし、裏側で使用すると、上あご方向に回すことになる（下あご側が支点になる）ため、大きな回転力で回すことはできません（軽く回す場合に限ります）。

❹モンキレンチの利点と欠点

モンキレンチは1本で複数のサイズのボルトを回せるため便利ですが、ウォーム（ギア）機構を利用しているためどうしてもあごが固定されずバックラッシュ（ガタ）が発生し、また、ボルトやナットを2点でしかとらえないため、正確に、大きな力で回転させることはできません。大きな回転力（トルク）が必要な場合は、6点で掴むことができるめがねレンチやソケットレンチレンチを使用するのがよいでしょう。

モンキレンチは機械保全作業では推奨されていません。また、頭部が大きいために偏狭部では使用しにくいことも欠点です。

❺絶対にやってはいけないこと！

①口の奥でボルトやナットの二面に口幅があっていない状態で使用する。
②下あご側と逆方向に回す（下あごに無理な力が掛かり壊れる）
③ハンマで叩く（過剰な締付力になる）。

一口メモ

● モンキレンチの名前の由来 ●

モンキレンチの原形となる工具の頭部の形状が猿に似ているという説や、モンキレンチの原形となる工具を発明したCharles Monckyの名前が由来という説など諸説あります。英語では「Adjustable wrench（調整が可能なレンチ）」ですが、「Monkey wrench（モンキレンチ）」でも通じます。「モンキ」は猿（サル、モンキー）という意味ではありません。

第 1 章　締緩工具

図 1-6-2 | モンキレンチの使い方

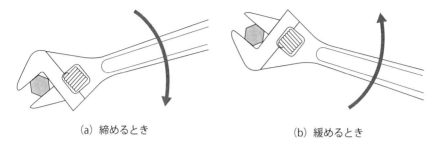

（a）締めるとき　　　　　　　　（b）緩めるとき

図 1-6-3 | モンキレンチは必ず下あご側に回して使用する

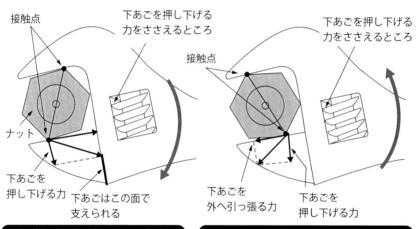

下あご側へまわすのが正しい使い方です　　　上あご側へまわすと下あごのガタが大きくなります

図 1-6-4 | モンキレンチは表裏を使うと送り角 90°で使用できる

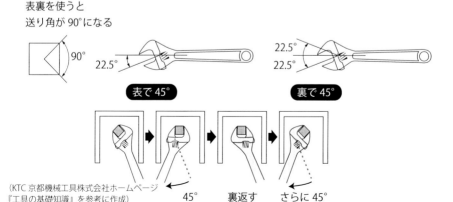

（KTC 京都機械工具株式会社ホームページ
『工具の基礎知識』を参考に作成）

【2 スパナとレンチ

7.六角棒スパナ

❶JISによる決まりごと

　図1-7-1に、「六角棒スパナ」を示します。六角棒スパナはJIS B 4648に規定されており、頭部に六角穴を持つボルトやねじの組み付け、取り外しに使用する作業工具です。各部の名称は図の通りです。短い方の柄を「短柄」、長い方の柄を「長柄」といいます。六角棒スパナは一般に、六角レンチ、ヘキサゴンレンチと呼ばれています。六角棒スパナの大きさは「呼び」で表現され、呼びは二面幅（図sの寸法）の寸法を表しています。JISでは呼び（二面幅）が0.7～46mmまで規定しています。

❷標準形、M形、L形

　六角棒スパナは長柄の長さによって「標準形」、「M形」、「L形」の3種類があります。同じ呼びでも、標準形がもっとも短く、L形がもっとも長くなります。ただし、JISに規定されていない長さのものも多く市販されています。六角棒スパナには二面幅（呼び）がミリ（mm）とインチ（inch）があります。

❸使用時の注意点と失敗しないコツ

　六角棒レンチはL字形で、短柄側、長柄側の両端面とも使用できます。たとえば、ボルトを取り付ける時ははじめに長柄側を使用して仮締めし、その後、短柄側に付け替えて本締めします。一方、ボルトを取り外す時は、はじめに短柄側を使用して大きな回転力で回し、ボルトが緩んだら長柄側で素早く回転させます（図1-7-2参照）。

❹六角棒レンチの利点

　ドライバやスパナはボルトやナットとサイズ（大きさ）が合わなくても回すことができ、ボルトやナットを痛めることがありましたが、六角棒スパナはボルト頭部の穴と一致したサイズのものでしか回すことができません。六角棒スパナはボルト頭部の穴に差し込んだ際、六角棒スパナとボルト頭部の穴の二面幅がぴったりと一致し、接触面積も大きいため、穴を痛めにくいことが利点です。また、ドライバやスパナは回す際、先端や口がねじ、ボルト、ナットから外れないように、軸方向にも少し力を入れる必要がありましたが、六角棒スパナでは六角穴から外れることがないため、回転方向のみに力を入れるだけで構

図 1-7-1 六角棒スパナと使用法

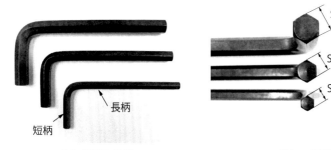

(a) 短柄と長柄　　　　　　(b) 二面幅

図 1-7-2 六角棒スパナと使用法

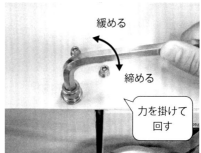

(a) すばやく回すときは長柄を使う　　(b) 固く締める（緩める）ときは短柄を使う

いません。このため、六角棒スパナは初心者でも失敗しにくい、使いやすい工具といえます。

❺六角棒レンチの欠点

スパナはボルトやナットの外側（二面幅）を掴んで回すのに対し、六角棒スパナはボルトの内側を拘束して回すことになります。つまり、六角棒スパナはボルトやナットの軸から力点までの距離が短く、大きな回転力（トルク）を得ることができません。また、強い力で無理やり回すと、六角棒スパナへの負担が大きく、折損することもあります。

❻使用上の注意点

六角穴に切りくずやゴミなど溜まっている状態で六角棒スパナを差し込むと、差し込みが浅くなり、この状態で回すと六角棒スパナの角を痛めます。六角棒スパナを六角穴に差し込む際は六角穴をエアーなどで吹き、切りくずやゴミを取り去ります。六角棒スパナの先端が六角穴の奥まで完全に差し込むこと

図1-7-3 ボールポイント

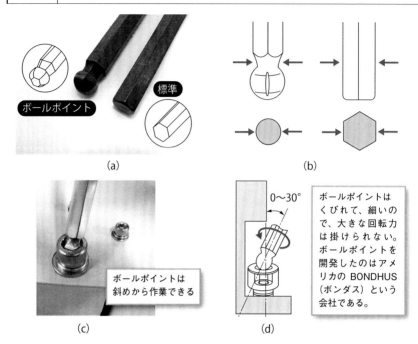

を確認した後、回します。

❼ボールポイント

通常の六角棒レンチの先端は柄の部分と同じ形状の六角形ですが、先端が丸くなっているものがあります。一般に「ボールポイント」と呼ばれ、ボールポイントは柄を0〜30°傾けても使用することができます。ボールポイントはJISには規定されていません（**図1-7-3**参照）。

ボールポイントは偏狭部などの作業で便利ですが、ボールの直前がくびれている（通常、断面積が約1/2程度細くなっている）ため、耐えられる回転力（トルク）が小さく、大きな回転力はかけられません。したがって、最後の緩め時や最初の締め時など大きな回転力が必要な場面では使用できません。無理に大きな回転力を掛けると、くびれた部分が折れます（**図1-7-4**参照）。

❽絶対やってはいけないこと

①六角棒スパナとボルトの穴のサイズが合っているものを使用する。
②六角棒スパナの先端を六角穴の奥まで完全に差し込んで使用する。
③軸を倒す方向に力を加えると六角棒スパナを痛める。

図 1-7-4 | 使用上の注意

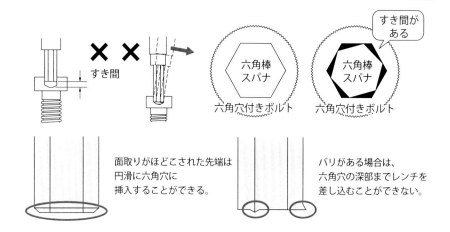

一口メモ

● **外回し工具と内回し工具** ●

たとえば、M8のボルトを比較した場合、六角ボルトの頭部の二面幅は12mmで、六角穴付きボルトの六角穴の二面幅は6mmです。六角ボルトのようにねじ部よりも大きい箇所（外径）を扱う工具を「外回し工具」、六角穴付きボルトのようにねじ部よりも小さい箇所（外径）を扱う工具を「内回し工具」といいます。

回転力は軸中心からの距離が長くなるほど大きくなるため、外回し工具は内回し工具よりも回転力が大きくなります。内回し工具は無理やり回そうとすると、ねじ部よりも小さい箇所で回転させようとするので、工具への負荷が大きくなります。したがって、六角棒スパナのような内回し工具は回転力が効果的に伝わるよう、六角穴との隙間が生じない良質なものを選択することが大切です。また、ボルトを締める時、緩める時にパイプなどの延長物や補助的なものを付加して回転させると、六角棒スパナが折れ、六角穴を痛めることになります。

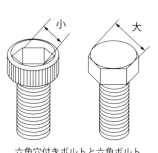

六角穴付きボルトと六角ボルト

内回しは工具への負担が大きい

3 組み合わせ自由なレンチ

8. ソケットレンチ

❶ JISによる決まりごと

図1-8-1に、「ソケットレンチ」を示します。ソケットレンチはJIS B 4636に規定され、持ち手の役割をする柄（ハンドル）の部分とボルトやナットにはめる部分を組み合わせて使用する作業工具です。ボルトやナットにはめる部品を「ソケット」といいます。「ソケット（socket）」は接合部、穴、へこみという意味です。ソケットレンチは用途に合わせてソケットを選択することで、1本の持ち手を多種類の工具として使用することができます（1本のハンドルで、多くの作業ができるというのが特徴です）。

❷ 角ドライブ（差込角）

ソケットとハンドル（柄）の結合部の断面は角形で、結合部を「角ドライブ」といいます。また、慣用的に「差込角」といわれることもあります。差込角は角度という意味ではなく、角形という意味です（図1-8-2参照）。

図1-8-3に、角ドライブの規格を示します。角ドライブの大きさは二面幅で決まっており、6.3（1/4インチ）、10（実際の二面幅は約9.5mm：3/8インチ）、12.5、12.7（1/2インチ）、20（実際の二面幅は約19mm：3/4インチ）、25（実際の二面幅は約25.4mm：1インチ）の6種類があります。ソケットの角ドライブはもともとインチで規定されていたため、1インチ（25.4mm）が基準になっ

図1-8-1 ソケットレンチ

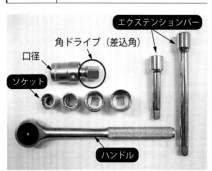

図1-8-2 ソケットレンチの構成

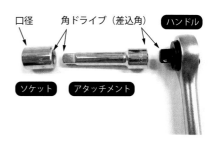

図 1-8-3 | 角ドライブの規格

角ドライブのサイズ	
角ドライブ寸法	六角の二面幅
6.35mm＝1/4インチ	4〜12mm
9.5mm＝3/8インチ	8〜22mm
12.7mm＝1/2インチ	10〜26mm

●角ドライブ（差込角）スクエア：sq
差込角は角度ではなく、角形の意味。

●二面幅
六角頭の大きさを示します。

図 1-8-4 | ソケットのハンドル結合部

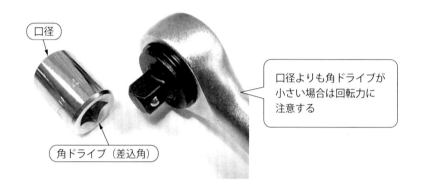

口径

口径よりも角ドライブが小さい場合は回転力に注意する

角ドライブ（差込角）

ています。ただし、現在ソケットはsq.（square＝正方形）で表記されているものも多く、たとえば、「9.5sq.」と表記されているものは、角ドライブ（差込角）差込角の断面が一辺9.5mmの正方形になります。なお、ソケットの結合部（差込口）には凸形と凹形があります。

❸使用する時の注意点と失敗しないコツ

　ソケットレンチのソケットはボルトやナットを完全に包み込むことができるため、回す際、スパナのようにボルトやナットからはずれることがなく、強く締めたり、緩めたりすることができます。

　ソケットは短いものから長いものまで数種類あり、作業環境に応じて使い分けます。角ドライブ（差込角）が小さいものは偏狭部の作業に適していますが、口径よりも角ドライブが小さくなると、大きな回転力を掛けた際、角ドライブを破損することがあります（**図1-8-4**）。

　一方、角ドライブが大きいものはソケット自体も大きくなるため、偏狭部での作業は難しくなりますが、大きな回転力かけることができます（軸から力点までの距離が長いため）。作業環境に応じて角ドライブ（差込角）のサイズを

使い分けることが大切です。

「角ドライブ（差込角）」はJISおよびISO（国際標準化機構）で規定されているため、製造メーカが異なっても接続することができます。ただし、製造メーカによって寸法許容差や作り込みが異なるため、隙間が生じる場合には使用を避けた方がよいでしょう。できるだけ同じ製造メーカのものを使用するのが望ましいです。

❹手動用と動力用

ソケットには「手動用」と「動力用」があり、両者はよく似ていますが正しく使い分ける必要があります。動力用のソケットは電動のレンチに使用するもので、回転時にソケットが外れないように差込角の部分にリングやピンを差し込んで使用します。また、動力用のソケットは高速回転、高トルク、衝撃が作用するため、手動用のソケットに比べて外径が肉厚で強靱につくられています。衝撃によってめっきが剥がれるのを防ぐため、黒染め処理が施されているものもあります。

手動用のソケットを電動工具で使用すると、肉厚が薄いためソケットに亀裂が入ったり、めっきがはがれたりなどのトラブルが生じます。

❺ソケットレンチによる工具集約

図1-8-5に、ソケットレンチの組み合わせを示します。レンチや六角棒スパナのように、締緩工具はボルトやナットに差し込む部分と手で握る柄の部分が一体化されているものが多いです。このため、ボルトやナット（二面幅）の大きさに合わせて作業工具を用意する必要があり、工具本数は必然的に増えてしまいます。一方、ソケットレンチはボルトやナットに差し込む部分と手で握る柄の部分を分離し、自由に組み合わせられるため工具本数を減らすことができます。また、ソケットとハンドルを接続するためのアタッチメントは多数あるため、作業環境や作業目的によって組み合せを調整できる利点もあります。

❻いろいろな長さのソケット

図1-8-6に、ソケットの長さの違いを示します。一般的なソケットレンチセットに含まれているソケットは「ショートソケット」と呼ばれる短いタイプのソケットですが、ソケットにはいろいろな長さのものがあります。たとえば、図のように、ナットからボルトが突き出ている場合、ショートソケットではボルトとソケットの底が干渉し、ソケットがナットに届きませんが、長いソケットなら届きます。いろいろな長さのソケットがあると、ボルトやナットの形状、取付箇所の深さなどによって選択することができます。ただし、上記のような場合でもスパナやメガネレンチがあればナットを回すことはできます。

第1章 締緩工具

図 1-8-5 | ソケットレンチの組み合わせ

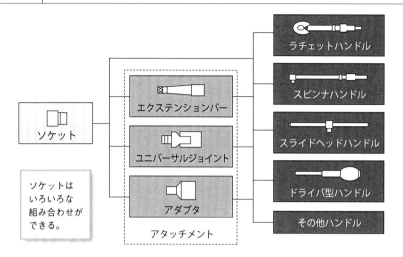

図 1-8-6 | いろいろなソケットレンチ

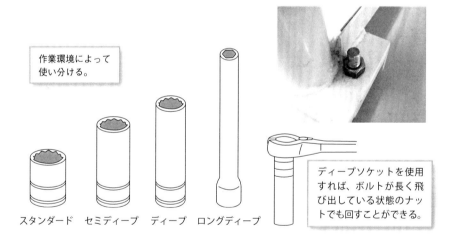

❼六角と十二角

図1-8-7に、口径（ボルトやナットにはまる箇所）が六角と十二角のソケットを示します。図に示すように、六角ボルトを回すソケットの口径形状には「六角」と「十二角」があります。十二角は「二重六角」といわれ、六角形がズレて2つ重なっている形状になります。

六角ボルトの頭部（凸）に、ソケットを差し込む際、1つの六角形と2つの六角形のどちらが差し込める確率が高いかといえば、2つ（十二角）の方が高

図 1-8-7 | 六角と十二角

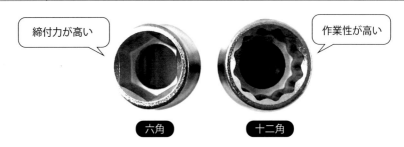

くなります。つまり、作業性は十二角が六角よりも高いといえます。ただし、ラチェットハンドルと一緒に使うことの多いソケットでは、ボルトに対して抜き差しする必要はなく、最初に差し込むだけなので利便性の影響は大差ないといえます。

一方、締め付ける力（回転力）は直線部が長い（平面が広い）「六角」が強くなります。また、六角ボルトの頭が多少なめている（痛んでいる）場合には、引っ掛かりが大きい「六角」が優れます。

なお、六角と十二角の強度は変わりません。工具はもっとも弱い箇所が先に痛みます。つまり、六角も十二角も角の頂点部分にもっとも力（応力）が作用し、最薄部は同じ厚さですので破損する確率（強度）は同じです。つまり、六角も十二角も損傷するのは角の頂点部分で、ソケットレンチの最薄部分になります。

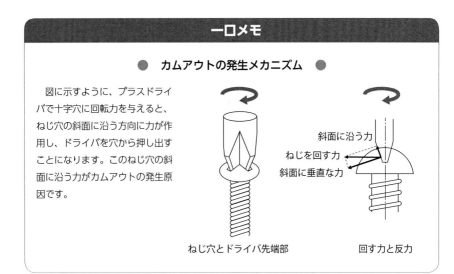

第1章 締緩工具

一口メモ

● 柄の長さ（利点と欠点） ●

スパナやレンチなどボルトやナットを脱着する工具は柄が長いほど締め付ける力や緩ませる力が大きくなりますが、工具を回転させる広い作業スペースが必要になります。一方、柄が短いほど締め付ける力や緩ませる力が小さくなりますが、狭い作業スペースでも工具を回転させることができます。適材適所で工具を選ぶことが大切ということです。

● 油を注す ●

錆びついて、硬く締まったボルトやナットを外したい場合には、ボルトやナットの頭に油を注してしばらく置きます。すると、油がねじの結合部になじみ、回すことができます。

● ねじ穴に集中する力 ●

プラスドライバの先端と十字穴は図に示すわずかな面積で接触し、この面積で回転する力を伝えている。カムアウトが生じ、接触面積が小さくなると、回転力によって接触面積に生じる圧力が大きくなるため、ねじ穴を損傷するリスクが高くなります。ねじ穴を損傷させないためには、接触面積を大きくし、圧力を小さくすることが必要で、そのためには、カムアウトを防ぐことが大切です。

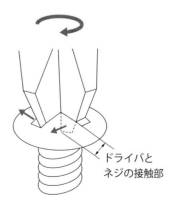

ドライバとネジの接触部

45

【3 組み合わせ自由なレンチ

9. ソケットレンチ用ハンドル

❶ラチェットハンドル

　図1-9-1に、「ラチェットハンドル」を示します。ラチェットハンドルは「ラチェット機構」によって、ソケットとボルトの結合をはめ直さずに連続締め、緩めができます。ラチェットハンドルは作業性が高いためソケットレンチのハンドルの中でもっとも多用されているハンドルです。

　ラチェット機構は一定の方向には何度でも自由に回転できる一方、逆方向には回転できないように固定できるもので、固定できる方向は切り替えることができます。

　たとえば、左図のようにレバーを右下方向へセットすると、右にハンドルを回した時はレバーが固定されるためボルトを締められます。反対に、ハンドルを左に回すと、ハンドルは空転するためボルトを緩めることなく、ハンドルを元の位置に戻せます。この作業を繰り返すことによって、レンチを掛け直す必要がなく、効率的にボルトを締めることができます。ラチェットの構造は繊細なため、衝撃に弱く、落としたりすることは厳禁です。丁寧に扱うことが大切です。

❷ラチェットの歯数（ギア数）

　ラチェットの歯数（ギア数）が多い場合は1回の回転角度が小さいので、偏

図 1-9-1 | ラチェットハンドルの取り扱い方法

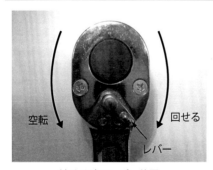

締める時のレバー位置

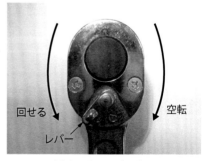

緩める時のレバー位置

狭部のねじ締めの際に便利です（**図1-9-2**参照）。

❸いろいろなハンドル

ソケットを操作するためのハンドルにはいくつかの種類があります。代表的なものには、ラチェットハンドルとスピンナハンドルがあります。

スピンナハンドルはソケットレンチセットに含まれていることが多いハンドルで、ラチェット機構のないハンドルです。ボルトの回転軸に対してハンドルが直角になるようにするのが基本ですが、ハンドルとボルトの回転軸を合わせる（ハンドルをまっすぐにする）ことにより早回しすることもできます。

このほか、L形やT形にして使用できるT形スライドハンドルや、クランク形状で早回しができるスピーダーハンドルなどがあります（**図1-9-3**参照）。

図 1-9-2 ラチェットの歯数（ギア数）と回転角度

(a) 歯数（ギア数）が多い　狭い

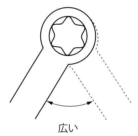
(b) 歯数（ギア数）が少ない　広い

図 1-9-3 いろいろなハンドル

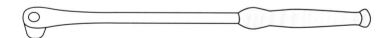
(a) スピンナハンドル

(b) T形スライドハンドル

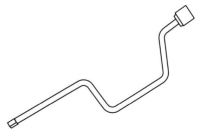
(c) スピーダーハンドル

【3】組み合わせ自由なレンチ

10. ソケットレンチ用アタッチメント

❶便利なアダプタ

通常、ソケットとハンドルは直接、接続しますが、ソケットとハンドルの間にいろいろな機能をもつ付属品（アタッチメント）を取り付けることもできます。たとえば、手の届かない深い場所にあるボルトやナットの締緩作業を行う場合には、ソケットとハンドルの距離を長くできる「エクステンションバー」や 自由な角度で締緩作業ができる「ユニバーサルジョイント」、角ドライブ（差込角）の大きさが違うソケットとハンドルを接続するための「変換アダプタ」などがあります。「ソケットレンチ用アタッチメント」があると、いろいろな作業環境に対応でき便利です（図1-10-1参照）。

❷ソケットレンチ変換アダプタの盲点

図1-10-2に、「ソケットレンチ変換アダプタ」を示します。ソケットレンチ変換アダプタを使用する際には注意が必要です。ソケットレンチ変換アダプタを使用すると、ソケットの口径よりも角ドライブ（差込角）が小さくなることがあります。口径側が大きくなるということは、締緩するボルトやナットが大きくなるので、大きな回転力が必要になります。つまり、口径よりも角ドライブ（差込角）が小さく、その差が大きくなるほど角ドライブ（差込角）の負担が大きくなり、回転時に角ドライブ（差込角）が破壊してしまうことがあります（トルクは回転中心と力点までの距離の積です）。とくに、錆びて硬く締まったボルトやナットを緩める際など大きな回転力が必要な場合には注意してください。

❸角ドライブ（差込角）が口径よりも大きい場合

一方、ソケットの口径よりも角ドライブ（差込角）が大きくなるときも注意が必要です。角ドライブ（差込角）が口径よりも大きく、その差が大きくなるほど、ボルトやナットを締める力は強くなります。このため、締付力が強くなりすぎる傾向にあり、ボルトが破断することもあります。

角ドライブ（差込角）を変換できるソケットレンチ変換アダプタは便利ですが、角ドライブ（差込角）を口径よりも小さいものに変換した場合には角ドライブ（差込角）に負担が掛かり、大きくいものに変換した場合には過剰な回転

力がボルトに作用し、ボルトの破損に繋がります。ソケットレンチ変換アダプタを使用する際には力加減が大切です。

図 1-10-1 ソケットレンチ用アタッチメント

エクステンションバー　　　　　　　　ユニバーサルジョイント

図 1-10-2 ソケットレンチ変換アダプタ

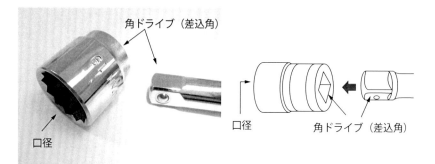

一口メモ

● 六角棒スパナの別名 ●

六角棒スパナは六角レンチ、六角棒レンチ、ヘキサゴンレンチ（ヘキサゴンは六角形という意味）、アーレンキーなどいろいろな呼称で呼ばれることがあります。六角棒スパナは1910年にアメリカ　Allen Manufacturing Company社のWilliam G. Allen（ウィリアム G.アレン）が開発しました。このため、アレンが発明したキー（Key：鍵状の工具）ということで、一部では「ALLEN KEY」と呼ばれています。

【4 特殊なレンチ

11. ボックスレンチ

　図1-11-1に、「ボックスレンチ」を示します。ボックスレンチはソケットレンチのソケットとハンドルを一体化させたる作業工具です。図1-11-2に示すように、「T形」や「十字形」などがあります。ボックスレンチは大きなトルクを必要とする作業に適し、錆び付いたボルトの取り外しなどに有効です。ボックスレンチの差込み口の形状はトルク重視のため「六角穴」が主流です。
　ボックスレンチは自動車の整備工場などで多用されています。

図 1-11-1 ｜ ボックスレンチ（T形）

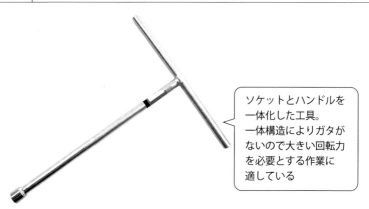

ソケットとハンドルを一体化した工具。一体構造によりガタがないので大きい回転力を必要とする作業に適している

図 1-11-2 ｜ いろいろなボックスレンチ

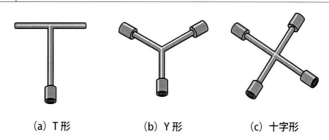

(a) T形　　(b) Y形　　(c) 十字形

一口メモ

● マイナスドライバ、プラスドライバ、トルクスドライバの開発背景 ●

　マイナスドライバは、ドライバとねじの回転中心を一致させないと回転力を効率良く伝えることができません。また、ドライバを回転する際、ドライバの先端がねじのすり割りから押し出されて、すり割りから外れる「カムアウト現象」により、すり割りを損傷します。このため、ドライバを回転するときは、「回る力7、押す力3」の力加減が必要になります。

　プラスドライバは必然的にドライバとねじの回転中心が一致するため、マイナスドライバのように回転中心を意識的に一致させることが不要になりましたが、「カムアウト現象」は解決されませんでした。

　トルクスドライバは形状が星形をしているため、ドライバとねじのかみ合いが強く、力の伝達効率も高いため、「カムアウト現象」が生じにくいことが特徴です。とくにヨーロッパではトルクスドライバはプラスドライバよりも主流になっています。

● カムアウト現象 ●

　カムアウト（come out）は出る、抜けるという意味で、「カミングアウト（coming out）」と同じ意味です。マイナスドライバやプラスドライバを回す時、ドライバがねじ穴から外れ、浮き上がる現象をカムアウト現象といいます。とくに、プラスドライバは外側ほど溝が浅くなるので「カムアウト現象」が生じやすくなります。マイナスドライバやプラスドライバを回す際は「カムアウト現象」に負けないように、軸方向に押し込みながら回転させることが大切です。「カムアウト現象」が起こるとねじ穴が損傷します。

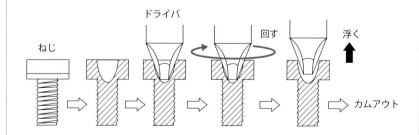

【4 特殊なレンチ

12.トルクスレンチ

❶T型とE型

　図1-12-1に、「トルクスレンチ」を示します。トルクスレンチはトルクスねじを回すためのレンチです。トルクスねじはねじ穴（またはねじ頭）が六角形の星形をしたねじで、ねじ穴が凹になっているものを「T型」、ねじ頭が凸になっているものを「E型」といいます。このため、T型のトルクスねじを回転させるトルクスレンチ（先端が凸になっているもの）が「T型」、E型のトルクスねじを回転させるトルクスレンチ（先端が凹になっているもの）が「E型」になります。「ねじ」と「レンチ」では凹凸が逆になるので、注意してください（図1-12-2参照）。

　トルクレンチとトルクスレンチは名前が似ていいますが別物です。

❷特徴

　マイナスドライバはドライバとねじの回転中心を合わせなければ適正にトルクを伝えられませんでした。プラスドライバはドライバとねじの回転中心を合わせる必要性はなくなりましたが、マイナス、プラスドライバともに回転時にドライバの先端が浮き上がる現象（カムアウト現象）が生じ、ねじ穴を痛めやすいため、回転時にはドライバをねじへ押し付ける必要がありました。

　一方、トルクスレンチ（ねじ）は曲線で構成された六角の星形であるため、レンチとねじの接触面積が大きく、トルクの伝達効率が高いこと、回転時にカムアウト現象が生じにくいことが特徴です。また、接触面積が大きいため、角部に力が集中しやすい六角ボルトや六角穴付きボルトに比べ、摩耗しにくく、耐久性が高いことも特徴です（図1-12-3参照）。

　なお、トルクスという名称はアメリカのACUMENT（アキュメント社）：CAMCAR（カムカー社）から社名変更：の登録商標で、一般的には「ヘックスローブ」と呼ばれます。ヘックスローブは6つの丸みのある突起物という意味です。

❸トルクスレンチと六角棒スパナの違い

　六角棒スパナは回転力が六角穴の角に集中しますが、トルクスレンチは接触面積が大きく、回転力がねじの内側に伝わるため回転力が効率良く伝わります。

第1章 締緩工具

図 1-12-1 | トルクスレンチ

(a) 斜めから見た様子

六角の星形である

(b) 正面から見た様子

図 1-12-2 | T 型と E 型

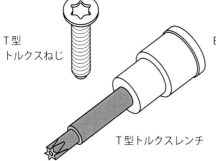

T型トルクスねじ / T型トルクスレンチ

E型トルクスねじ / E型トルクスレンチ

図 1-12-3 | トルクスねじの特徴

トルクスねじ / トルクスソケットレンチ

15°(駆動角) 回転力 トルクス穴

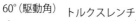
60°(駆動角) 回転力 六角穴

締付け時の力の向き

トルクスレンチ
カムアウトしにくい

プラスドライバ
カムアウトしやすい

❸大きさ（サイズ）

　トルクスレンチ（ねじ）の大きさは**表1-12-1**に示すように、丸みを帯びた角の頂点から対角線にある角の頂点までの寸法（A寸法）で表されます。**表1-12-1**に、トルクスレンチの呼び番号と寸法、ボルト径を示します。ただし、表の値はアキュメント社の規定値で実際の製品にはバラつきがありますのでその点は注意が必要です。

　表に示すように呼び番号はT6〜T70まであります。たとえば、T15であれば寸法は3.26mm、T20であれば寸法は3.84mmになります。T15とT20の寸法の差は0.58mmしかありません。この他の大きさも同様に、トルクスレンチ（ねじ）の大きさの違いは僅かです。このため、トルクスレンチのサイズがねじ穴と一致せず、小さいものでも回すことができてしまいます。しかし、当然レンチやねじを痛めてしまいます。トルクスレンチもマイナスドライバやプラスドライバのように、「大きなサイズのものから順番に試す」ことが大切で、慎重に選んで使用しなければいけません。

❹いたずら防止

　図1-12-4に、いたずら防止用のトルクスねじを示します。トルクスねじにはいたずら防止を目的として、六角形の中央に突起をつけたものがあります。従来トルクスねじはプロ仕様でしたが、最近では量販店でも見かけるようになりました。そこで、自動車や家電などでは一般の人が不用意に分解しないよう安全性が求められる場所に使われています。

❺内回し工具

　六角穴付きボルトと同様に、ボルトの頭が凹んだ箇所に工具を挿入し、締緩を行うものは、「内回し工具」といい、ボルトの軸のよりも工具の回転半径が小さく、工具への負担が大きくなります。このため、必ずサイズの合致しているものを使用し、工具を穴の奥までしっかり挿入して回転させることが大切です。刃先交換式切削工具の締緩はトルクスねじです（**図1-12-5**）。

一口メモ

● **トルクの計算** ●

　トルク（回転力）は「力×距離」です。したがって、トルクの単位は「N・m」です。N（ニュートン）は力の単位、m（メートル）は長さの単位です。作業工具に加える力は同じでも、短柄よりも長柄を回す方が大きなトルクを与えることができます。安全第一の観点から必要以上のトルクでボルトやナットを締付けてしまう傾向にありますが、ボルトやナットは適正なトルクで締めることが大切です。

表 1-12-1　トルクスレンチの A 寸法

T型

呼び	T6	T8	T9	T10	T15	T20	T25	T27	T30	T40	T45	T50	T55	T60	T70
A寸法	1.65	2.30	2.48	2.72	3.26	3.84	4.40	4.96	5.49	6.60	7.77	8.79	11.17	13.20	15.49
ボルト径	M2	M2.5	−	M3	M3.5	M4	M5	M5	M6	M8	M8	M10	M12・14	M16	M18

E型

呼び	E4	E5	E6	E7	E8	E10	E11	E12	E14	E16	E18	E20	E24
A寸法	3.83	4.72	5.69	6.17	7.47	9.37	10.03	11.12	12.85	14.71	16.64	18.41	22.10
ボルト径	−	−	M5	−	M6	M8	−	M10	M12	−	M14	M16	M18

図 1-12-4　いたずら防止用トルクスねじ

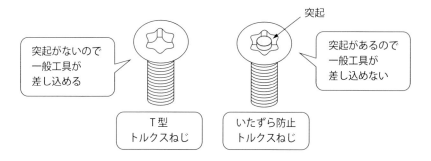

図 1-12-5　刃先交換式切削工具はトルクスねじを使用している

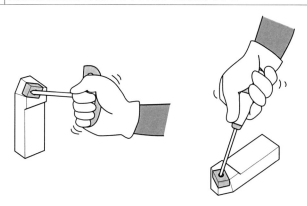

コラム

● 3点支持 ●

　クライミング（岩登り）が2020年東京オリンピックで正式種目になりました。クライミングは「3点支持の法則」というものがあり、両手と両足の4つのうち必ず3つは必ず壁に付けておき、残り1つを使って登ります。動かしてよいのは片方の手、または片方の足ということです。3点支持のうち、万一1つの支持を失っても残りの2つで身体を支えることができます。3点支持はハシゴ昇るときにも適用できるので覚えておくとよいでしょう。

　機械現場でも3点支持は重要で、3点を支持することによって材料を位置決め、水平出し、固定することができます。カメラの脚が三脚なのがその証拠です。

● 木工用ボンドで錆を取る ●

　作業工具は錆びないように防錆し、管理保管することが大切ですが、万一、錆が発生したら、錆びた箇所に木工用ボンド（エマルジョン接着剤）を少し厚めに塗り、1日程度置いておきます。完全に乾燥する前、ボンドが少し弾性のある状態で丁寧に剥がします。すると、ボンドと一緒に錆びを取ることができます。乾燥しすぎてボンドが固くなると剥がせなくなるため注意が必要です。

【 第 **2** 章 】
把握・切断工具

1 多機能工具

1. ペンチ

❶ JISによる決まりごと

　図2-1-1に、「ペンチ」を示します。ペンチはJIS B 4623で規定されており、JISではペンチを鉄線や銅線などを切断する工具と説明していますが、ペンチは掴む、はさむ、曲げる、ねじる、引っ張るなど多様な用途で使用できる多目的作業工具です。

　表2-1-1に、ペンチ規格を示します。表に示すように、ペンチの大きさは「呼び寸法」で分類され、150、175、200の3種類があります。この数値はインチ（1インチ≒25.4mm）が基準になっており、インチで表現すると6、7、8インチになります。また、呼び寸法を示す数値は全長（図Lの寸法）を「－10」した値で、たとえば、呼び150のペンチの全長は160mm、呼び200のペンチの全長は210mmになります。

　ペンチの材質は炭素工具鋼SK7またはS15CKと同等以上で、刃部の硬さは56～64HRCと定められています。ペンチの接合部のすべり接触面は隙間がなく、開閉が円滑でなければいけません。

❷ くわえ部の隙間

　ペンチの先端は「くわえ部」といい、ものを掴みやすいようにギザギザの凹凸になっています。ペンチの柄を完全に握ると、刃部が接触し、くわえ部には隙間が生じます。JISではこの隙間を最大0.4mmと規定しています。くわえ部に隙間が生じるのは、刃部は使用するほど摩耗し、後退します。刃部が摩耗していない状態（新品の状態）でくわえ部が接触していると、刃部が摩耗した場合（新品の位置から刃が後退した場合）、刃部よりもくわえ部が先に接触するため、材料を切断できなくなってしまいます。つまり、ペンチの第一機能は前述（JIS）の通り切断ということです。

❸ 裏側の丸いくぼみ

　図2-1-2に、ペンチの裏側を示します。図に示すように、ペンチの裏側にある丸いくぼみはものが掴むためのもので、この部分で材料やナットなどを掴んで、回すこともできます。このくぼみは慣用的に「ギンナン」といわれます。この部分でギンナンを割ることができることが名前の由来です。

第2章 把握・切断工具

図 2-1-1 | ペンチ

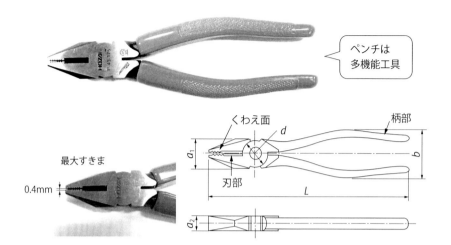

ペンチは多機能工具

表 2-1-1 | ペンチの規格

（単位mm）

呼び寸法	a_1		a_2		b	L	
	寸法	許容差	寸法	許容差	最大	寸法	許容差
150	22または23		12.5		50	160	
175	24または25	±0.7	13.5	±0.7	52	185	±4
200	26または27		14.5		54	210	

備考：dの寸法は、a_1の寸法よりも2mmの範囲で小さくする。

図 2-1-2 | ペンチの裏側

ギンナン
ペンチの裏側には丸い空洞があり、この空洞で材料やナットなどを掴んで、締めることもできる。
この部分で銀杏（ギンナン）を割ることができることから、慣用的に「ギンナン」と呼ばれる。

❹握り方

　図2-1-3に、ペンチの握り方を示します。図に示すように、柄を親指、人差し指、中指で握るように持ち、薬指と小指を柄の間に入れます。こうすることで、くわえ部を閉じるときは親指と人差し指、中指を、くわえ部を開くときは薬指と小指を使い、片手で開閉することができます。材料を切断するときは柄を5本の指で握手するように握ると強い力を伝えることができます。

❺てこの原理

　図2-1-4に、切断時の様子を示します。図に示すように、刃部を使用して材料を切断するときには、柄部の端を持つほど、そして、刃の根元（結合部に近い位置）を使うほど「てこの原理」によって大きな力で切断することができます。刃部の先端（結合部に遠い位置）では大きな力が作用しません。ペンチは「てこの原理」を応用した作業工具ですから、握る位置は力点、結合部が支点、切断する位置が作用点に相当し、握る位置は支点から遠いほど、作用点は支点から近いほど大きな力で切断することができます。

❻切断するとき

　材料を切断する際は柄部を強く握り、一気に切断します。一回で切断できなかったときは、鉄線を半回転（180°）程度回転させて、もう一度、一気に切断します。そうすると、歯が鉄線に食い込みやすく、切断することができます。それでもまだ切断できないときは、さらに半回転（180°）程度回転させて、強く握ります。この作業を切断されるまで繰り返します。ペンチで材料を切断すると、切断面は平らでなく山形になります。

❼こじるのは厳禁

　材料を1回で切断できないとき、図2-1-5に示すように、手首を回転させてはいけません。手首をひねって切断することを「こじる」といいますが、こじると刃部の摩耗が極端に進みます。ペンチの刃部は熱処理され硬さが56HRC以上で、切断する方向には強靱ですが、切断する方向以外の方向には弱く、刃

図2-1-3　ペンチの握り方

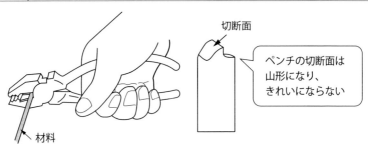

第2章 | 把握・切断工具

図 2-1-4 | 切断する時の「てこの原理」

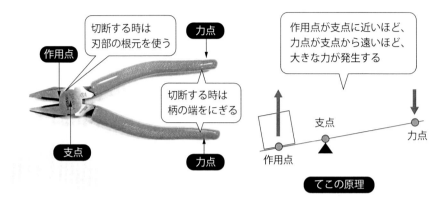

図 2-1-5 | 切断するとき

こじる

鉄線などを切断するときは刃部の根元（結合部に近い位置）を使用する。刃部は HRC56 以上の硬さがあるが、図のように刃部で鉄線をこじると刃こぼれの原因になる。
ペンチで材料を切断する際、手首を左右にひねりながら切断することを慣用的に「こじる」という。こじると刃が破損するため、こじる操作は厳禁である。切断時はこじらないように一発で切断することが大切である。

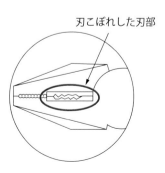

鉄線をこじる

こぼれしやすいです。どうしても切断できないときはサイズが大きいペンチやニッパを使用するのがよいでしょう。

❽切断時のポイント
①切断した材料の飛ぶ方向を確認してから切断すること。
②保護めがねを着用すること。
③ハンマなどで叩いて使用しないこと。

❾2枚合わせと3枚合わせ

図2-1-6に、ペンチの構造の違いを示します。図のように、ペンチやニッパには構造の違いによって「2枚合わせ」と「3枚合わせ」があります。2枚合わせは上下で組み合わせる構造です。一方、3枚合わせは本体を挟み込む構造になっており、長期間使用してもガタが発生しにくいのが利点です。3枚合わせは「上あご」と「下あご」に力が均等に作用する利点もあります。

❿ペンチで鉄線を曲げるときのポイント（横より縦）

図2-1-7に、ペンチで鉄線を曲げるときのポイントを示します。(a) では鉄線をペンチの厚み方向に平行に握り、手首を横に回して鉄線を曲げています。この方法の鉄線を曲げる力（モーメント）は「手首を横に回す力×握り部の幅の半分」になります。一方、(b) では、鉄線をペンチの全長方向に握り、手首を上下に回して鉄線を曲げています。この方法の鉄線を曲げる力（モーメント）は「手首を上下に回す力×全長（鉄線を掴んでいる先端から手で握っているところまでの長さ）」になります。つまり、鉄線を曲げる力（モーメント）は (a) よりも (b) が大きく、太く、硬い材料でも曲げることができます。くわえ部よりも材料が長いときは、パンチの裏側に材料を通してやれば問題ありません（図2-1-8参照）。図2-1-9に、てこの原理を利用した道具を示します。

図2-1-6　2枚合わせと3枚合わせ

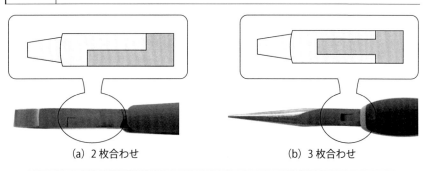

(a) 2枚合わせ　　　　　　　(b) 3枚合わせ

「3枚合わせ」は本体を挟み込むので上あごと下あごに均等に力が作用する。

第 2 章　把握・切断工具

図 2-1-7　鉄線を曲げるときのポイント

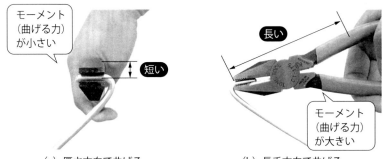

(a) 厚さ方向で曲げる　　　(b) 長手方向で曲げる

図 2-1-8　材料が長いとき

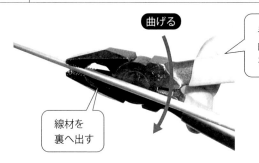

図 2-1-9　「てこの原理」を利用したいろいろな道具

(1) 支点が力点と作用点の間にない「てこ」

作用点が支点と力点の中にある	作用点が力点が支点の外にある「てこ」
	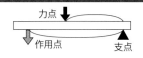
支点と力点までの距離が、支点と作用点までの距離より大きい。作用点に働く力は力点で加えた力よりも大きくなる。	支点と力点までの距離が、支点と作用点までの距離が小さい。作用点に働く力は力点で加えた力より小さくなる。力の大きさを加減でき、ソフトタッチできる。

(2) てこの原理を利用した道具

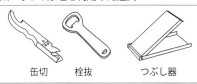	
缶切　　栓抜　　つぶし器	毛抜き　　トング　　ピンセット

63

【1 多機能工具

2. ラジオペンチ

❶JISによる決まりごと

　図2-2-1に、「ラジオペンチ」を示します。ラジオペンチはJIS B 4631で規定されており、主として、電子機器などの組立に使用されます。ラジオペンチは掴む、はさむ、曲げる、ねじる、引っ張るなど用途はペンチと同じです。

　ラジオペンチは『ラジオの分解、組立で使用するペンチ』というのが名前の由来です。ラジオペンチはくわえ部が先端に向かうほど細くなっており、ペンチよりも狭い箇所や細かい作業に適しています。

　くわえ部はペンチと同様に、ものを掴みやすいようにギザギザの凹凸になっています。ラジオペンチにも刃部があり、鉄線などの切断に使用できますが、太いものの切断には適していません。

　ラジオペンチの材質は炭素工具鋼SK7またはS15CKと同等以上で、刃部の硬さは56〜64HRCと定められています。

❷握り方

　ラジオペンチはペンチの一種です。したがって、使い方はペンチと同じです。図2-2-2に、ラジオペンチの持ち方を示します。図に示すように、柄を親指、人差し指、中指で握るように持ち、薬指と小指を柄の間に入れます。こうすることで、くわえ部を閉じるときは親指と人差し指、中指を、くわえ部を開

図 2-2-1 | ラジオペンチ

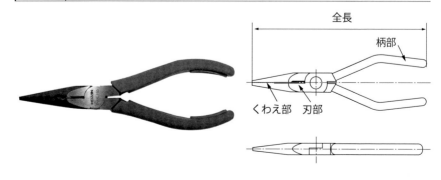

くときは薬指と小指を使い、片手で開閉することができます。

❸切断

ラジオペンチの刃部は山形の傾斜が付いているため、切断した材料の切断部は山形になります。切断部を平坦にしたい場合にはニッパを使います。

また、切断する材料が短いとき、切断した瞬間に材料が飛びます。このため、材料を切断する際は、材料が飛ぶ方向を予測することや切断した材料が作業者側に飛ばないように下を向けます。万一のため、材料を切断するときには、目を保護するために保護めがねを掛けるようにしましょう。なお、材料を切断するときは、柄を5本の指で握手するように握ると強い力を伝えることができます。

図 2-2-2 | ラジオペンチの持ち方

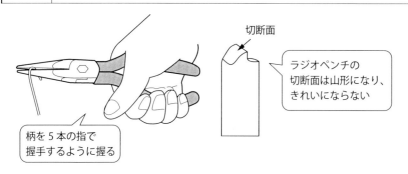

一口メモ

● **硬質クロムメッキと黒染め** ●

作業工具には、外観が「銀色にピカピカ輝いたもの」と「黒くザラザラしたもの」がありますが、銀色のものは「硬質クロムメッキ」で、黒いものは「黒染め(黒染めは表面を酸化させて錆びにくくする処理)」です。両者とも使い勝手などの差はほとんどなく、どちらを使用するかは好みですが、硬質クロムメッキはメッキの品質が悪いと剥がれることがあり、黒染めはメッキよりも錆びやすいです。とくに黒染めの工具は防錆をしっかりすることが大切です。

❹曲げる

図2-2-3、図2-2-4にラジオペンチで鉄線を曲げるときのポイントを示します。

図2-2-3（a）に示すように、鉄線を曲げると、合わせ部（かしめ部）を離そう（分解する）方向に力が作用するため、合わせ部を痛めます。

一方、図2-2-3（b）のように鉄線を曲げると、合わせ部（かしめ部）は互いに押し付ける方向に力が作用するため、合わせ部は痛めません。

また、図2-2-4（a）では、鉄線をラジオペンチの厚み方向に平行（くわえ部の滑り止めに平行）に握り、手首を横に回して鉄線を曲げています。この方法の場合、鉄線を曲げる力（モーメント）は「手首を横に回す力×握り部の幅の半分」になります。

一方、図2-2-4（b）では、鉄線をラジオペンチの全長方向（くわえ部の滑り止めに直角）に握り、手首を上下に回して鉄線を曲げています。この場合、鉄線を曲げる力（モーメント）は「手首を上下に回す力×全長（鉄線を掴んでいる先端から手で握っているところまでの長さ）」になります。つまり、鉄線を曲げる力は（c）よりも（d）が大きく、太く、硬い材料でも曲げることができます。原理を知り、少し工夫することで、作業工具を痛めず、上手に使うことができます。

一口メモ

● **材料が飛ぶメカニズム** ●

図に示すように、両刃と片刃では、材料を切断した時に生じる力に違いがあります。両刃では両方の切断面が山形になるため、切断した材料は向きある方向に力が生じ、互いの力が相殺されますが、片刃では、切断面が異なるため、山形から平坦面に向かって力が作用します。この力が切断時に材料が飛散する原因です。ただし、両刃でも互いの力が相殺されず、飛散することがあるので注意が必要です。

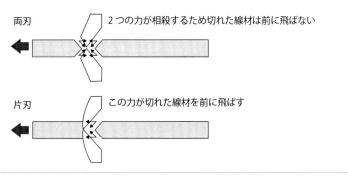

第2章 把握・切断工具

図 2-2-3 ラジオペンチの使い方（かしめの方向に注意！）

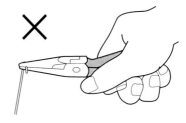

（a）左に曲げると合わせ部（かしめ部）が痛む

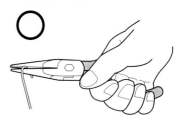

（b）右に曲げると合わせ部（かしめ部）が痛まない

図 2-2-4 ラジオペンチの使い方（モーメントを上手く使う）

（a）厚み方向に曲げる

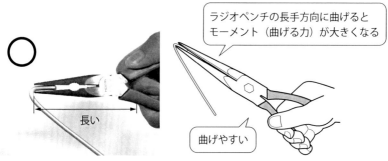

（b）長手方向に曲げる

2 切断専用工具

3. ニッパ

❶ JISによる決まりごと

図2-3-1に、「ニッパ」を示します。ニッパは鉄線や銅線を切断する際に使用する作業工具です。市販されているものには「標準ニッパ、強力ニッパ、斜めニッパ、小型ニッパ、プラスチックニッパ」などいろいろな名称のものがありますが、JISでは斜めニッパ（JIS B 4625）と強力ニッパ（JIS B 4635）のみ規定され、その他のニッパはJISには規定されておらず、用途別にメーカが販売しているものです。

❷斜めニッパ

斜めニッパは刃が約40°傾いたニッパで、構造の違いにより「2枚合わせ」と「3枚合わせ」の2種類があります。また、刃部に加わる荷重の大きさによって、「普通級」と「強力級」の2等級があり、普通級は「N」、強力級は「H」で表記されます。

普通級と強力級は刃部の切れ味が異なり、刃部のほぼ中央の位置に線径2mmの銅線をはさみ、柄部を握ったとき、普通級は981N（約98kgf）以下、強力級は785N（約75kgf）以下の荷重で切断できなければいけません（強力級は普通級よりも小さな力で切断できるということです）。

JISでは、呼び125（実際の全長、図中Lの寸法130mm）と150（実際の全長、図中Lの寸法155mm）の2種類が規定されています。

刃部の硬さは「熱処理（焼入れ・焼戻しなど）」により54～62HRC（577～746HV）で、本体の材質はSK7または同等以上の材質と決められています。

図2-3-1 | ニッパ

❸強力ニッパ

強力ニッパは名前の通り、鉄線など硬い線材を切断するためのニッパで、JISでは呼び（全長）が125、140、160、180、200の5数種類規定しています。

これらのリード線のカットには小型のニッパで、しかも柄のところに板スプリングが付いているものを用意しておくと切ったあと自然に開きますので、作業が楽になります。

❹両刃と片刃

図2-3-2に「両刃」と「片刃」を、図2-3-3にそれらの特徴を示します。図に示すように、ニッパの刃部は「両刃」と「片刃」の2種類があり、両刃は表裏両方の刃が斜めで、片刃は表の刃は斜めで裏の刃は平ら（直線）です。両刃は片刃よりも切断能力が高く、硬いものを切断するときに有効です。ただし、切断面（切り口）は刃の形状が転写山されるため山形になり、きれいではありません。

図2-3-2 | 両刃と片刃

> ニッパは「切れ味」が重要。刃の研削面（砥石で磨いた面）が滑らかなほど、切れ味が良い。
> 刃を閉じた時、刃がぴったりと一致し、段差や隙間がないものを選ぶ。

図2-3-3 | 両刃と片刃の特徴

	両刃	片刃
刃の形状		
切断面		
用途	切断面の美しさよりも、刃の強度を必要とする場合に適している。	片方の切断面が平らで美しくなる。プラモデルなどに適している。

一方、片刃は裏の刃が平らなため、切断面（切り口）は平坦になり、きれいです。片刃は切れ味が良いですが、硬い線材の切断には適さず、無理に使用すると刃こぼれします。

❺刃の角度

図2-3-4に、刃の角度とその特徴を示します。刃の角度によって切断能力が変わります。両刃、片刃ともに刃の角度が大きいほど刃が厚くなるため強くなり、欠けにくく、刃こぼれしにくくなりますが、切断抵抗が大きく、切り口はきれいになりません。刃の角度が大きいものは硬い材料の切断に適しています。

一方、刃の角度が小さいほど刃が鋭利になるため切れ味が良くなり（切断抵抗が小さく）、切り口がきれいになりますが、欠けやすく、刃こぼれしやすくなります。

市販されているものの中には、刃の先端と根本で刃の角度を変えることで、軟らかい材料と硬い材料の両方を1本で切できるニッパもあります。同じ両刃でも刃の角度が異なると切断能力が変わります。

❻ストレート刃とラウンド刃

図2-3-5に、「ストレート刃」と「ラウンド刃」を示します。図に示すように、ニッパには、刃が直刃になっているもの（ストレート刃）と丸みを帯びたもの（ラウンド刃）の2種類があります。直刃は切り口を平坦にしたい場合に使用し、ラウンド刃は少しえぐるような感じで切断し、切り残しをなくしたい場合に使用します。

図2-3-4 | 刃の角度

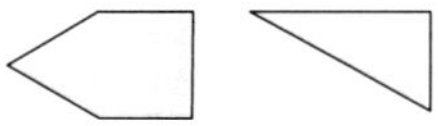

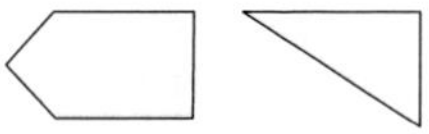

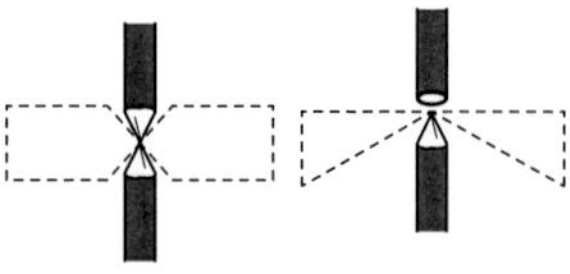

	小さい		大きい	
刃の角度	両刃	片刃	両刃	片刃
刃の強さ	弱い		強い	
	刃の角度が小さいほど、刃は薄くなるため弱くなる。		刃の角度が大きいほど、刃は厚くなるため強くなる。	
切断面	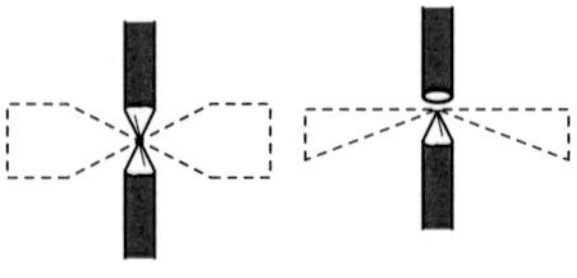 刃の角度が小さい方が切断面が滑らか。			

| 図 2-3-5 | ストレート刃とラウンド刃 | 図 2-3-6 | 切断するとき |

ストレート刃は切断面を平坦にできる。切断面重視！

ラウンド刃は刃が楕円で、切れ味が良い。切れ味重視！

刃の根元を使う

ストレート刃　　　ラウンド刃

❼使用する時の注意点と失敗しないコツ

　材料を切断する際、切り離される側が短い場合、切り離された側が顔や目に向かって飛ぶことがあります。このため、材料を切断する際は切り離される側を下に向けます（図2-3-6参照）。また、ニッパで切断作業を行うときには切り離させたものの不意な飛散にも対応できるように、保護めがねを掛けて作業することが大切ですし、他の作業者がいる場合には切れ端の飛ぶ方向に注意を払い、飛びそうな方向を予め予測して使用することも大切です。最近では、切れ端が飛び散るのを防ぐ機能を備えたニッパも市販されています。

　ニッパには刃部に丸い穴があいているものがあり、この穴は電線や導線のゴムやビニールの被覆を剥がす時に使用します。電線をこの穴に挟んで柄部を握ると、導線をキズ付けることなく被覆のみを切断することができます。その後、導線の外側に向かって刃部を引くと、被覆のみを取り除くことができます（被覆を剥くことができます）。

❽切断能力

　ニッパは刃の種類、角度、厚みによって切断できるものの太さ（最大径）が異なります。ニッパが持つ切断能力以上のものを切断しようとすると、切断できないばかりか刃の破損に繋がります。ニッパを選択する際には切断するもの（材質）に適した切断能力があるかどうかを考えることが大切です。切断できる材料の太さはカタログに記載されています。

【3】口の開きを可変できる工具

4. コンビネーションプライヤ

❶ JISによる決まりごと

　図2-4-1に、「コンビネーションプライヤ」を示します。コンビネーションプライヤはJIS B 4614に規定され、一般に「プライヤ」と呼ばれます。プライヤは材料を掴む、回す、切断するなどいろいろな作業に使用できる多機能工具で、プライヤの最大の特徴はジョイント部（支点）をずらすことで口の開きを口の開きを変えることができることです。

　プライヤの大きさは全長（図中Aの寸法）で分類され、JISでは呼び寸法で150と200の2種類が定義されています（表2-4-1参照）。プライヤのくわえ部から軸取付穴の部分までの硬さは43～55HRC、軸の硬さは35～44HRCと規定されています。つまり、軸の硬さが取付穴の硬さよりも軟らかいので、軸は使用頻度に比例して摩耗します。軸が摩耗しガタが大きくなると使いにくくなるので交換が必要になります。

　材質はSCr440（クロム鋼）または同等以上の材質です。JISでは、プライヤの刃部のほぼ中央に鉄線を挟み、柄に表のトルクを加えた際、試験用鉄線が切断されなければいけないと規定しています。（表2-4-1参照）

❷ 口の開き

　プライヤはものをつかむことが一次機能で、掴むものの大きさによって口の

図 2-4-1 ｜ コンビネーションプライヤ

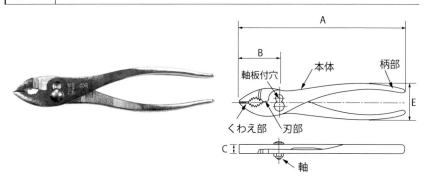

開きを調整します（図2-4-2参照）。プライヤで材料を掴んだとき、くわえ部が平行になるような位置に口を開きます。言い換えれば、くわえ部が平行にならなければ、安定して掴むことができないため、サイズの大きいプライヤを使うことになります。

くわえ部と刃部の間の部分はギザギザが大きいため、パイプなどを掴むときに便利です。ただし、掴む力が強ため掴むものをキズ付けてしまうので注意が必要です。図2-4-2（b）に示すように、スパナの代わりに使用することもできますがボルトやナットを痛めやすいです。

❸切断

くわえ部の奥には材料を切ることができる刃部が付いています。JISでも刃部で線材を切断することができるとなっていますが、実際には、プライヤはガタが大きいため、細く、やわらかい線材の切断には適しません。とくに、刃部の硬さはペンチやニッパよりも低い（軟らかい）ので、線材を切断する際はペンチやニッパを使用するのがよいでしょう。

一方、プライヤはニッパの刃をキズ付けやすい太目の針金でも簡単に切断できるので、適材適所で使い分けることが大切です。

❹曲げる

プライヤは線材を曲げる際にも使用できますが、結合部にガタがあるため、

図2-4-1 試験用鉄線および規定トルク

（単位mm）

呼び寸法	試験用鉄線の線径	トルク（N·m）
150	2	33.34以下
200	2.6	51.98以下

図2-4-2 コンビネーションプライヤの使用方法

(a)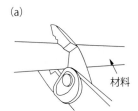
口を大きく開くと、大径の材料を掴める

(b)
ボルトやナットなどを回すことができるがキズが付きやすい

(c)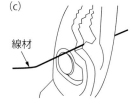
根元の部分は刃部として使えるが、細く、軟らかい材料は切断しにくい

ペンチよりも使い勝手がよいとはいえません。プライヤは多機能工具ですが、1つひとつの機能の性能は専用工具よりも劣ります（**図2-4-3**参照）。

❺手のひらを挟まないように

プライヤもペンチと同様に、『てこの原理』を利用した作業工具です。このため、柄の後部をにぎると大きな力で材料を掴む、または切断することができますが、結合部をずらして口の開きを大きくした状態で小さいものを掴むと、柄の後端で手を挟むことになるため注意が必要です（**図2-4-4**参照）。

❻ウォータポンププライヤ

くわえ部が30°曲がったプライヤを「ウォータポンププライヤ」といいます。ウォータポンププライヤは軸の移動を大きく設定でき、開口幅を広くできることが特徴です。このため、太いパイプを掴むことができ、水道や配管関連の作業に多用されます（**図2-4-5**参照）。

ウォータポンププライヤは「アンギラス」、「アンギラ」といわれることもあります。アンギラスは作業工具メーカの商品名です。

図2-4-3　作業工具の使い分け

	プライヤ（コンビネーションプライヤ）	ペンチ	ラジオペンチ	ニッパ
	口の開きが変えられ、掴む・はさむ、切るなど多目的に使用できる。	薄いものを掴む・はさむ、切るなど多目的に使用できる。	細かな作業に適している。	線材を切ることに特化している。
パイプを掴む	○	×	×	×
板状のものを掴む・曲げる	○	○	△	×
細かい作業をする（線材を曲げる）	△	△	○	×
線材を切る	△	○	○	○
切断面がきれい	×	△	△	○

第2章 把握・切断工具

図 2-4-4 | プライヤの注意点

従来品の場合

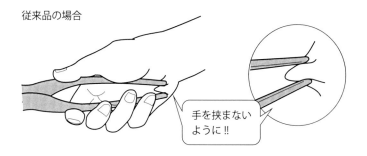

手を挟まないように‼

図 2-4-5 | ウォータポンププライヤ

掴める大きさで使い分ける

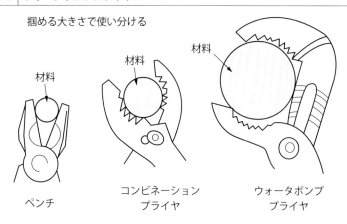

ペンチ　　コンビネーションプライヤ　　ウォータポンププライヤ

一口メモ

● **コンビネーションプライヤは縁起がよい** ●

コンビネーションは「組み合わせ」、「結合」という意味で、プライヤの構造から、「2つの部品を軸で組み合わせたもの」というのが名称の由来です。プライヤは掴むことが第一機能ですから、2つの部品が組み合わさって材料を掴む（2人で力を合わせて幸せを掴む）と考えると、縁起がよいように思えます。

【4】材料をキズ付けず曲げる工具

5.丸ペンチ

❶JISによる決まりごと

図2-5-1に、「丸ペンチ」を示します。丸ペンチは表2-5-1のように、JIS B 4624で規定されており、主として、テレビやラジオなどの電気・電子機器などの配線作業や鉄線や銅線を曲げるときに使用する作業工具です。

丸ペンチの構造はラジオペンチとほぼ同じですが、丸ペンチには材料を切断する刃部はありません。また、丸ペンチの結合部のすべり接触面は隙間が少なく、開閉が円滑で、くわえ部の先端から約5mmはしっかりと密着しないといけないと規定されています（くわえ部の先端に隙間が生じてはいけません）。

丸ペンチ本体の材質は炭素工具鋼SK7またはS15CKと同等以上で、くわえ部の硬さは40〜50HRCと定められています。JISでは、丸ペンチの呼び寸法125（実際の全長130mm）と150（実際の全長155mm）の2種類が規定されて

図 2-5-1 丸ペンチ

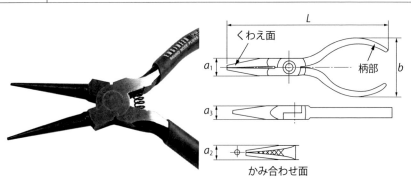

表 2-5-1 丸ペンチの規格

(単位mm)

呼び寸法	a_1		a_2	a_3		b	L	
	寸法	許容差	最大	寸法	許容差	最大	寸法	許容差
125	13	±0.7	1.8	10	±0.7	50	130	±4
150	14		2.2	11		52	155	

いますが、この寸法以外のものも多く流通しています。丸ペンチには「ストレートタイプ」と「先曲タイプ」があります。

❷掴む

丸ペンチはくわえ部の先端は細くなっているため強い力で掴むことはできません。また、くわえ部にはペンチのようなすべり止め（ギザギザ）がないため材料は掴みにくいですが、材料にキズを付けることはありません。

❸曲げる

図2-5-2に、丸ペンチで材料を曲げる際の注意点を示します。(a)に示すように、鉄線を曲げると、合わせ部（かしめ部）を離そう（分解する）方向に力が作用するため、合わせ部を痛めます。一方、(b)のように鉄線を曲げると、合わせ部（かしめ部）は互いに押し付ける方向に力が作用するため、合わせ部は痛めません。このように、丸ペンチで材料を曲げる際はかしめの方向に注意し、かしめの痛まない方向に曲げることが大切です。

❹切断

丸ペンチには刃が付いていないので切断はできません。

図 2-5-2　丸ペンチで材料を曲げる際の注意点

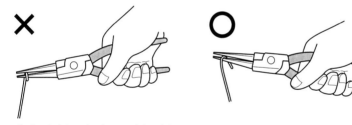

左に曲げると合わせ部（かしめ部）が痛む　　右に曲げると合わせ部（かしめ部）が痛まない

(a)　　　　　　　　　　　　　　　(b)

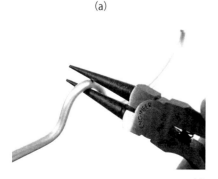

(c)

> 丸ペンチとラジオペンチの違いは、ラジオペンチには刃が付いており、線材を切断できるが、丸ペンチには刃が付いていないので切断には使えない。

5 丸材を掴めて回せる工具

6. パイプレンチ

❶ JISによる決まりごと

　図2-6-1に、「パイプレンチ」を示します。パイプレンチはJIS B 4606に規定され、名称の通り、水道管やガス管など配管で使われるパイプなどを回す時に使用する作業工具です。パイプは外周が丸く、引っ掛かる箇所がないため、スパナやレンチを使用することができませんが、パイプレンチは上あごと植歯に設けられた山形のギザギザ歯で二方向からパイプを掴むことができます。

　JISではパイプレンチの大きさを呼び寸法で表し、200（くわえられる管の外径6〜20mm）〜1200（くわえられる管の外径65〜140mm）まで8種類規定しています。呼び寸法はくわえられる最大外径の管（パイプ）をくわえたときの全長を表しています。

❷ 強力級と普通級

　パイプレンチは本体が耐え得るモーメントにより「強力級」と「普通級」の2種類があり、強力級は「H」、普通級は「N」で表記されます。強力級は普通級よりも本体が耐え得るモーメント（上あごと植歯で丸棒をくわえ、所定のモーメントを加えた際に各部に異常がないモーメント）が大きいです。

図 2-6-1 ｜ パイプレンチ

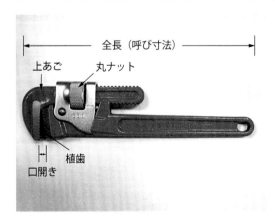

角がなくても掴めて、回せる
水道管・ガス管などのパイプの外周に角がないため、スパナやモンキレンチでは回すことができない。コンビネーションプライヤなどで無理に締め付けるとパイプが変形し、損傷してしまう。パイプレンチは角がなくても適正に締め付けて回すことができる作業工具である。

上あごと植歯の材質は原則、強力級ではSCM3（クロムモリブデン鋼）、普通級ではS45C（機械構造用炭素鋼）で、歯部の硬さは50HRCです。本体の材質は機械構造用炭素鋼やダクタイル鋳鉄、黒心可鍛鋳鉄、アルミニウム鍛造品など製造メーカによって異なります。

❸構造

パイプレンチの構造は簡単で、本体、上あご、丸ナットの3つの部品で構成されています。パイプレンチは丸ナットを締めたり緩めたりすることによって植歯の位置を変えることができ、さまざまな外径のパイプを掴むことができます。

❹掴む

親指と人差し指で丸ナットを回し、上あごと植歯の間隔を挟みたいパイプの

図 2-6-2　パイプレンチの使い方

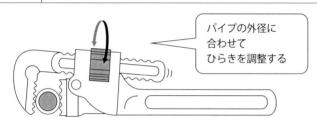

(a) 口のひらきを変えることができる

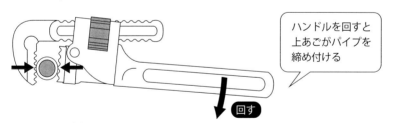

(b) 回す方向に力を加えると自動的にくわえ部が締まる

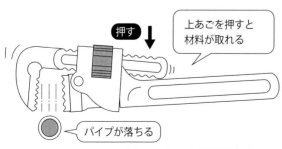

(c) ワンタッチで緩められる

外径と同じ程度に調整します（仮回ししておきます）。その後、パイプを挟み、必要に応じて丸ナットをさらに締め付けます。安定して掴めるようになればOKです（**図2-6-2**参照）。

❺回す

パイプを締め付けたら、本体を上あごがパイプに引っ掛かる方向（図2-6-2（b）の、矢印の方向）に回します。本体を回すことで上あごがパイプに食い込むため、締付力が増し、パイプを回すことができます。

❻外す

図2-6-2（c）のように、上あごを開く方向（図中矢印の方向）に押せば材料を外すことができます。つまり、❺で解説したように、パイプレンチは図（b）の矢印の方向に回すと、上あごがパイプを締め付け、（c）の矢印の方向に回すと、パイプが外れるため、ラチェットハンドルと同じ機構といえます。

❼絶対にやってはいけないこと！

①パイプの太さに合っていない呼び寸法のものを使用する（掴むことができるパイプの太さはパイプレンチの呼び寸法によって異なります。パイプの太さに合った適正な呼び寸法のものを使用します）。

②パイプを正しく掴まずに回転させる（パイプおよびパイプレンチの損傷に繋がります。パイプレンチはパイプと直角になるように掴みます）。

③ハンドルにパイプを継ぎ足すなどして過大な力で回したりしてはいけません（**図2-6-3**参照）。

図2-6-3 やってはいけないこと！

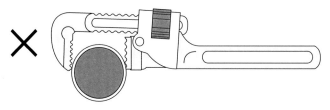

(a) 大きすぎるものを挟まない

(b) ハンドルにパイプをつないで無理な力を掛けない

❽ いろいろなパイプレンチ

図2-6-4に、いろいろなパイプレンチを示します。

(a) **白管用パイプレンチ**…口の歯が粗く、軽いのが特徴です。ガス・水道の配管作業に適しています。
(b) **被覆管用パイプレンチ**…口の歯が細かく、管にキズが付きにくいです。
(c) **コーナーレンチ**…ジョウとグリップが平行なので通常のパイプレンチが入らない箇所、頭上や壁面の配管作業に適しています。
(d) **鎖パイプレンチ**…管の外径が75mm以上の大径のパイプには鎖を使用したものもあります。

図 2-6-4 | いろいろなパイプレンチ

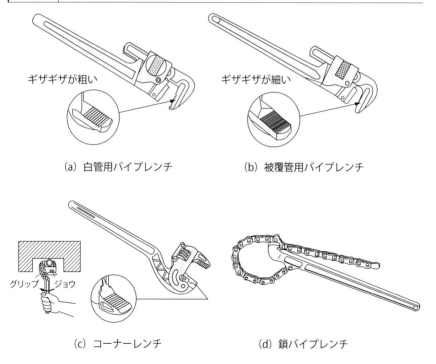

(a) 白管用パイプレンチ
(b) 被覆管用パイプレンチ
(c) コーナーレンチ
(d) 鎖パイプレンチ

> パイプレンチの形式には「トライモ形」、「リッヂ形」、「スチルソン形」の3種類があります。本著に示すのはトライモ形です。通常、トライモ形が主流で、リッヂ形は一部で使用されています。現在、「スチルソン形」はほとんど見かけなくなりました。

コラム

● 鍛造と鋳造 ●

　作業工具の製造法の種類や工程にはいくつかありますが、主として、「鋳造」と「鍛造」に分かれます。鋳造はドロドロに溶かした鉄を型に流し込んで形をつくる方法で、鍛造は鉄の塊を叩いて形をつくります。
　鍛造は「鍛えて造る」という漢字のとおり、鉄の塊を叩くことで組織が密になるため、同じ形状でも鍛造品は鋳造品よりも強固です。
　鋳造品は鍛造品よりも脆くなります。作業工具は薄くて、軽く、硬く、強靭性が必要とされるため、鋳造品よりも鍛造品が高品質という評価になります。鍛造には金属を1000℃くらいに熱して叩く「熱間鍛造」、常温で叩く「冷間鍛造」、熱間鍛造と冷間鍛造の中間の温度域（約200～850℃）で行なう「温間鍛造」があります。

● 見た目ではわからない鉄工やすりの品質 ●

　鉄工やすりは熱処理によって硬さ、強さ、粘り強さなどを調整しています。熱処理時に、やすりの表面の炭素が空気中の酸素と結びつき、一酸化炭素（CO）や二酸化炭素（CO_2）として抜け出す現象を「脱炭」といいます。
　やすりの表面（脱炭層）は脱炭が生じ、炭素量が少なくなるため、正常な熱処理が行われず、本来必要な硬さ、強さ、粘り強さが得られません。そこで、通常、熱処理後、やすりの表面（脱炭層）はグランダで除去されます。しかし、粗悪なやすりには脱炭層が残っている場合があり、表面が軟らかく、すぐに目が潰れてしまうことがあります。脱炭層の有無は外観ではわからないため、信頼のあるブランドから購入するのがよいでしょう。

【第3章】取付具・固定具

【1】万力

1. 横万力

❶種類

　図3-1-1と図3-1-2に「横万力(よこまんりき)」を示します。横万力は通常、単に「万力」と呼ばれ、ねじの力を使って材料を固定するための工具です。主として、手仕上げ加工や組み立て作業の際、材料を固定するときに使用します。横万力は本体をボルトで作業台に固定する設置形の固定具です。

　横万力は移動側口金の案内軸形状が角スライドの「角胴形」(図3-1-1)と丸スライドの「丸胴形」(図3-1-2)の2種類があり、角胴形はJIS B 4620、丸胴形はJIS B 4621に規定されています。

　横万力の大きさは口金の幅（図中aの寸法）で表し、JISでは呼び寸法75、100、125、150の4種類を規定しています。つまり、呼び寸法100の横万力の口金の幅は100mmになります。JISでは規定されていませんが、呼び寸法200や250の大型のものもあります。

　口金の開き（図中bの寸法）は口金の幅よりも少し大きいか、同じです。また、口金の上から摺動面の上までの寸法（図中cの寸法）は口金の幅の寸法と同じか、少し小さくなっています。口金の上から摺動面の上までの寸法（図中cの寸法）は固定できる材料の高さに関係します。

　JISでは、横万力は角胴形、丸胴形ともに各呼び寸法で決められた規定トルクで締め付けた際、19.6kN以上の締付力を有することと定義しています。また、横万力の材質は本体、可動体、締付めねじはFC200、締付おねじはS45C、口金はSK5またはS15CK、ハンドルはS35Cと同等以上と決められています。最近では、剛性を高めるため本体と可動体に球状黒鉛鋳鉄（FCD50相当）を用いたものも市販されています。

　口金の硬さは45〜53HRCです。通常、口金は熱処理され、硬くなっていますが、軟らかい材料を掴むために、銅製やプラスチック製または材料の形状に合わせた異形の口金も取り付けることもできます。

❷特徴

　角胴形は角スライドが可動体を案内する摺動面になるため、この部分は絶対にキズを付けてはいけません。また、使用前後には本体、可動体の摺動部に注

図 3-1-1 横万力（角胴形）

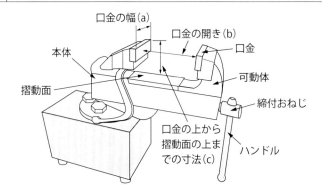

図 3-1-2 横万力（丸胴形）

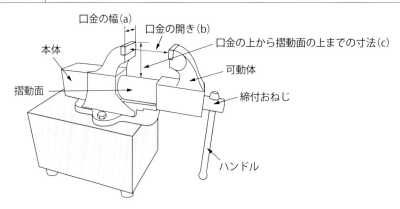

油を行い、摺動面の摩耗抑制に努めることが大切です。角胴形は裏側から見ると、締付おねじが露出した状態になっており、切りくずやゴミが付着しやすく、使用期間とともに運動精度が劣化しやすいです。このため、定期的に締付おねじの清掃を行うことが望ましいです。

　丸胴形は丸い胴体全体が可動体を案内する摺動面になるので、角胴形に比べて面積が広く、運動精度が安定しています。また、丸胴形は可動体を移動するための締付けおねじが丸胴に内蔵されているため、切りくずやゴミが付着しにくく、締付おねじの経年劣化、摩耗が少ないのが特徴です。このため、丸胴形は角胴形よりも運動精度が高いことが特徴です。また、丸胴形は摺動面が丸胴なので、摺動面に切りくずが溜まりにくいことも利点です。

　図3-1-3、図3-1-4に、角胴形と丸胴形の分解図を示します。図に示すように、横万力は分解でき、ハンドルが重くなったときや運動精度が悪くなったと

図 3-1-3 │ 横万力（角胴形）の分解図

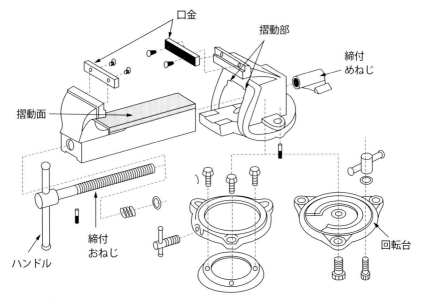

図 3-1-4 │ 横万力（丸胴形）の分解図

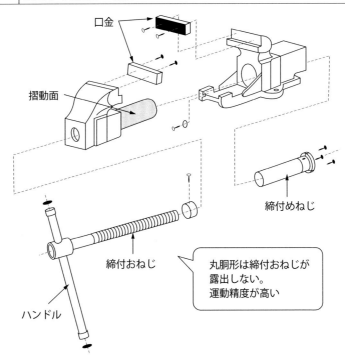

| 図 3-1-5 | アンビル（金床）付き角胴形万力 | 図 3-1-6 | アンビル（金床）付き丸胴形万力 |

 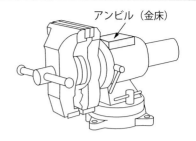

| 図 3-1-7 | 万力で掴んだ材料をハンマで叩いてはいけない！ | 図 3-1-8 | 万力のハンドルをハンマで叩いてはいけない！！ |

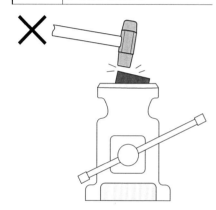 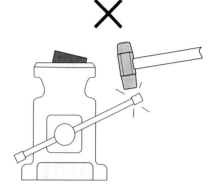

きには分解し、洗浄、調整することにより、甦らせることができます。

❸アンビル（金床）

　図3-1-5、図3-1-6に示すように、横万力には「アンビル」と呼ばれる「金床」が付いているものがあります。「アンビル（金床）」は鍛冶作業や手仕上げ加工を行うときに用いる作業台のことで、金床を使用してポンチ打ちなどの作業を行うことができます。一方、アンビルが付いていない横万力ではポンチ打ちなどはできません。角胴形の角スライドとアンビル（金床）を混同し、角スライドの上でポンチ打ちを行われる作業を見かけますが、絶対に行ってはいけません。角スライド（摺動面）にキズが付き、運動精度が悪くなります。

❹使い方の注意

　図3-1-7、図3-1-8に示すように、横万力は規定トルクで、適正な締付力を有するように設計されています。口金を締付けた後のハンドルや、締付けた材料をハンマで叩くと、ハンドルが折れたり、口金がキズ付きます。

【1】万力

2. いろいろな万力

❶シャコ万力

図3-2-1に、「シャコ万力」を示します。シャコ万力はフレーム本体と締付ねじで材料を挟んで固定する工具です。横万力は作業台に設置して使用する「設置形」の固定具でしたが、シャコ万力は「非設置形」の固定具です。このため、横万力は材料を掴むこと（固定すること）が主目的ですが、シャコ万力は材料と材料、材料と作業台など、いろいろなものを固定することができます。

図 3-2-1 | シャコ万力

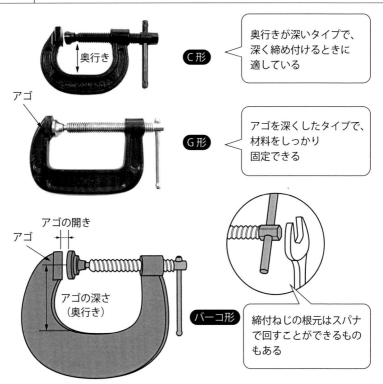

シャコ万力の大きさは口の最大開き寸法（呼び寸法）で表され、25〜350mmのものがあります。締付ねじの先端は自在に動き、多様な形状の材料を固定できるようになっています。また、締付ねじの根元はスパナで回せるようになっているものもあり、強固に固定することができます。シャコ万力の締付ねじは強度（軸の強さ）を重視して、角ねじが使用されており、ねじの谷より山が小さく、軸が太くなっています。

❷C形、G形、バーコ形

シャコ万力はフレームの形状によって、「C形」、「G形」、「バーコ形」の3種類があります。

C形はアルファベットのCに似た形状で、奥行きがあり（アゴの深さがあり）、大きく、重量のある材料を固定することができます。C形はフレームの強度が高いことが特徴です。

G形はC形よりもアゴを深くした形状で、奥行きが長く、材料をしっかり締め付けることができます。同じ大きさなら、G形がもっとも深いところで固定できます。

バーコ形はスウェーデンのバーコ社が販売している形状で、C形に似ています。

図 3-2-2 | 材料は十分に重ねる

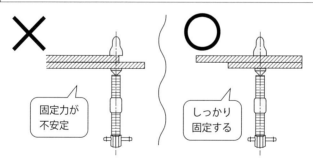

図 3-2-3 | 長い材料は複数個使用する

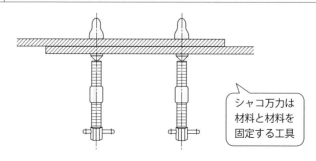

シャコ万力は鍛造品が多いですが、強度のある鋼製、軽いアルミニウム製、比較的安価な鋳造品やプレス製など様々な材質のものが市販されています。シャコ万力はJISには規定されておらず、生産現場では慣用的に「シャコマン」と呼ばれます。

❸使用上の注意
①材料が十分に重なるようにする。重なりが小さいと固定が不安定になる（図3-2-2）。
②材料が長い場合には複数個使って固定する。
③アゴの開き（mm）、アゴの深さ（mm）を確認して作業目的に合った適正なものを使用する（図3-2-3）。

❹ベタバイス
図3-2-4に、「ベタバイス」を示します。ベタバイスは高さが低いことが特徴で、生産現場ではボール盤による穴あけ加工を行うときに多用されます。ベタバイスの底面にはボルトを取り付ける部分があるため、作業台に固定して使用することもできます。

❺ヤンキーバイス
図3-2-5に、「ヤンキーバイス」を示します。ヤンキーバイスは底面と側面が直角につくられているため、材料を固定したまま90°回転させて使用できることが特徴です。ただし、直角精度は高くありません。たとえば、ボール盤による穴加工の場合、材料の上面と側面の穴あけを、材料を掴み直すことなく、ワンチャッキングで行うことができます。ヤンキーバイスは口金の幅が狭く、深さも浅いため主として小さな材料用です。ヤンキーバイスは作業台に固定するためのボルトまたは溝が付いているものもあります。

❻精密バイス
図3-2-6に、「精密バイス」を示します。精密バイスでは全面に熱処理が施

| 図 3-2-4 | ベタバイス | 図 3-2-5 | ヤンキーバイス |

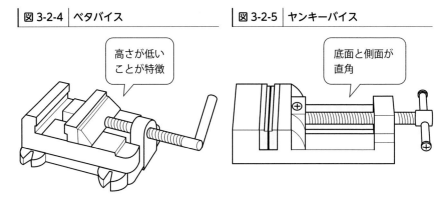

され、硬くなっており耐摩耗性に優れます。さらに全面が研削仕上げされておるため、平行、直角精度が高く、主として、研削加工用の固定具として多用されます。精密バイスには浮き上がり防止機能が付いたものと、付いていないものがあります。浮き上がり防止機能の一例は、左図に示すように締付時の力（A）が、材料を締め付ける力（B）と材料の浮き上がりを抑え込む下向きの力（C）に分解され、材料を締め付けた際に材料の浮き上がりを防止します。

❼取付万力（ベンチバイス）

図3-2-7に、「取付万力」を示します。取付万力はJIS B 4616に規定されていましたが、1993年廃止されました。取付万力は「ベンチバイス」と呼ばれ、作業台に固定して使用します。締付精度は高くないためDIYや日曜大工用と考えるとよいでしょう。

図 3-2-6　精密バイス

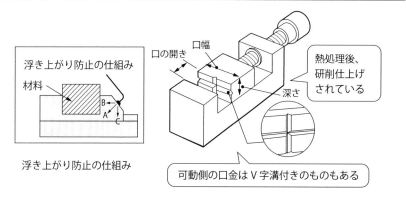

図 3-2-7　取付万力（ベンチバイス）

要点／ノート

固定具は、主として、作業台に固定して使用するものと固定しないで使用するもの、材料と材料（材料同士）を固定するものなどいろいろあります。目的に応じて使い分けることが大切です。

【1 万力 】

3. マシンバイス

❶各部の名称

　従来、「マシンンバイス」は「工作機械用万力」という名称でJIS B 6162に規定されていましたが、1998年に廃止になりました。しかし、使用頻度が高く、細かい規則が必要であったため、現在では「日本工作機器工業会規格（TES）」にて、詳細な仕様が規定されています。

　図3-3-1に、マシンバイスの各部の名称を示します。マシンバイスの大きさは横万力と同じで、口金の幅（図中aの寸法）で表します。マシンバイスには締付け力の増力、増圧機構を有したものがあり、動力には空圧、油圧、メカ、電動があります。

❷種類（M形とS形）

　マシンバイスには「M形」（図3-3-2）と「S形」（図3-3-3）があり、M形は「フライス盤用（Milling用）」、S形は「形削り用（Shaper用）」です。M形には1級と2級があり、1級の精度が高いです。S形には旋回台が付いていますが、M形は旋回台が付いているものと、付いていないものの両方があります。ただし、M形は旋回台が付いていないものが主流です。M形はS形に比べて、静的精度や締付精度が優れています。M形は呼び番号100～250の間に1インチ単位で7種類、S形は200～400の間に2インチ単位で5種類あります。通常、S形はM形よりも大きいです。同じ大きさの場合、M形はS形に比べて把握力が高いです。

❸具備すべき特性

　機械加工で加工精度を追求するためには、工作機械、切削工具、加工条件の適正な設定が必要ですが、材料を固定するマシンバイスの性能も重要なポイントです。マシンバイスの性能には静的精度や締付精度がありますが、静的精度には主として①本体底面とすべり面の平行度、②固定側と可動側の口金の平行度、③両口金とすべり面の直角度があります。M形の1級では、①と②は100mmに対して0.02mm、③は100mmに対して0.05mmになっています。

　締付精度には主として、①固定口金の倒れ、②可動側口金の浮き上がり、③フレームの反りがあります。図3-3-4に示すように、マシンバイスは横からの

力で材料を口金で挟むように固定しますが、締付力が大きくなると可動側の口金と材料が浮き上がる傾向にあります。締付時に材料と可動側口金の浮き上がりを防止するためには、可動側口金に対して下側斜め45°の方向に力が作用するようにします。また、図3-3-5に示すように、可動側口金を強く締め付けると、締付力によりバイスの本体（フレーム）が曲がり、反ります。そのため、マシンバイスには締付時に、曲がる力に対して強固で、反りにくい特性が必要です。

図 3-3-1 | マシンバイスの各部の名称

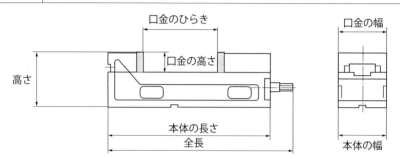

図 3-3-2 | マシンバイス（M形）

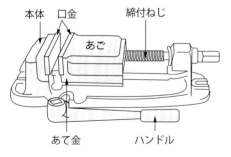

図 3-3-3 | マシンバイス（S形）

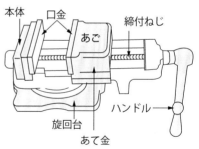

図 3-3-4 | 口金の上だけで掴むと口金が浮く

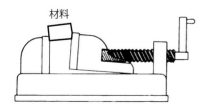

図 3-3-5 | 強く締め過ぎるとバイスが曲がる

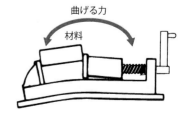

❰2❱ チャック

4. スクロールチャック（三つ爪スクロールチャック）

❶特徴

　図3-4-1に、「スクロールチャック」を示します。スクロールチェックはJIS B 6151で規定されています。スクロールチャックはチャック端面に120°間隔で3つのジョー（爪）を持ち、締付ねじを回すと3つの爪が同時に、同じ量だけ半径方向に移動します。スクロールは「巻物、渦巻き」という意味があり、チャック内部に蚊取り線香の形をした渦巻き状の部品が入っています。この渦巻き状の部品により3つの爪を同時に動かすことができます。スクロールチャックはチャックと材料の中心が簡単に合わせることができるため、生産現場で多用されています。

　スクロールチャックは1つの締付ねじで3つの爪を同時に動かすため締付け力が分散され、四つづめ単動チャックよりも締付力が弱いです。また、締付力が弱い理由が力の分散だけが原因ではなく、内部構造にも一因があり、爪（マスタージョー）と爪を動かすための渦巻き状の部品は3～4歯しか噛み合っておらず、1歯に注目しても爪と渦巻き状の部品は点でしか接触していません。このため、締付力が十分に得られにくいのです。

　スクロールチャックは3つのうち1つの爪が変形や摩耗すると、3つの爪の対称性に誤差が生じるためチャックの中心と材料の中心に多少のズレが生じることがあります。

　チャックの大きさは外径の寸法をインチで表現し、たとえば、呼び番号6のチャックの外径は6インチ（150mm）ということになります。

❷ジョーの種類と使い方

　一般に、材料を掴む部品を「爪」といっていますが、正式には「ジョー」といいます。ジョーの材料を掴む部分の硬さは55HRC以上です。

　「マスタージョー」は爪を取り付ける土台になる部品で、チャック内部のスクロール機構と直接かみ合う部分です（図3-4-2参照）。マスタージョーは「下部爪」と呼ばれることもあります。

　「トップジョー」は材料を掴む部品で、マスタージョーに取り付けて使用します。トップジョーは形状が階段状になっておらず、単純な形状をしたもので

第3章 取付具・固定具

図 3-4-1 | スクロールチャック（三つ爪スクロールチャック）

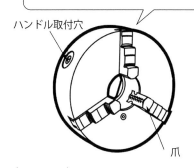

スクロールチャックは矢印または印のある締付穴を締め付ければ大丈夫だが、重切削や材料が重い場合は、他の2カ所も締めると締付力が向上し、安定する

ハンドル取付穴

爪

図 3-4-2 | 爪（ジョー）の分解図

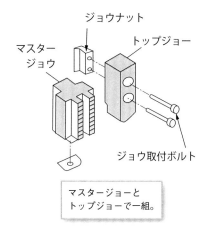

ジョウナット
マスタージョウ
トップジョー
ジョウ取付ボルト

マスタージョーとトップジョーで一組。

図 3-4-3 | 分解爪と一体爪

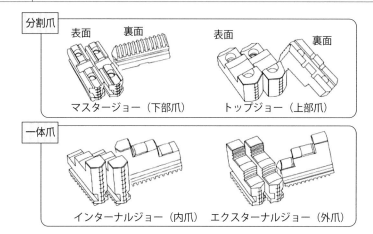

分割爪
表面　裏面
マスタージョー（下部爪）
トップジョー（上部爪）

一体爪
インターナルジョー（内爪）　エクスターナルジョー（外爪）

す（図3-4-3参照）。トップジョーは「上部爪」と呼ばれることもあります。

「ワンピースジョー」はマスタージョーとトップジョーを一体化した部品です。「一体爪」と呼ばれることもあります。

「ツーピースジョー」はマスタージョーとトップジョーを合わせて示すときの呼び方です。ツーピースジョー（マスタージョーとトップジョウーの組み合わせ）は、「分割爪」を呼ばれることもあります。ツーピースジョーの利点はトップジョーの交換が可能で、とくに生爪を使用する時などに便利です。

「インターナルジョー」はワンピースジョーの1つで、図3-4-4に示すよう

図 3-4-4 内爪と外爪

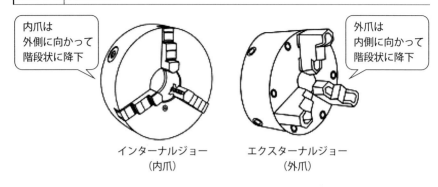

インターナルジョー（内爪）　エクスターナルジョー（外爪）

図 3-4-5 ジョーの使用例

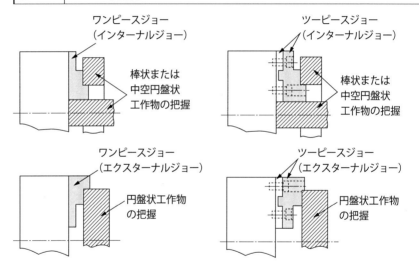

に、チャック中心から外周側に向かって階段状に降下するように取り付ける爪です。生産現場では「内爪」といわれることもあります。爪を外側から内側に向けて動かせば丸棒を掴むことができ、爪を内側から外側に動かせばリング状の材料を掴むことができます。

「エクスターナルジョー」はワンピースジョーの1つで、チャックの中心から外周側に向かって階段状に上昇するように爪を取り付ける爪です。生産現場では「外爪」といわれることもあります。爪を外側から内側に向けて動かすことにより円盤状の材料を掴むことができます。

「リバーシブルジョー」はトップジョーの1つで、内周端・外周端の取付方

図 3-4-6　生爪

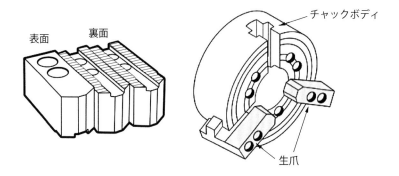

向を変換することによってインターナルジョーおよびエクスターナルジョーの両方として使用できる爪です。図3-4-5に、ジョーの使用例を示します。

❸静的把握力と動的把握力

「静的把握力」はチャックが回転しないときに締付操作によって得られる把握力です。一方、回転中は遠心力によって爪が開くため、回転中に得られる把握力を「動的把握力」といいます。動的把握力は静的把握力よりも小さく、回転数が高くなるほど遠心力が大きくなるため、把握力は小さくなります。旋盤加工でチャックを回転させて使用するときには、動的把握力が性能の目安になります。

❹硬爪と生爪

ジョーには「硬爪」と「生爪（図3-4-6）」があります。硬爪は熱処理が施され硬いため、摩耗しにくく、強固であるため、荒加工に適しています。硬爪はオニ爪と呼ばれることもあります。ただし、材料の形状（主として外径）に合わせて削ることはできません。一方、生爪は熱処理されておらず軟らかいため、材料の形状（主として外径）に合わせて削ることができます。生爪はS45Cが使用されることが多いです。生爪は材料の形状に合わせられるため、回転精度が高く、仕上げ加工に適しています。しかし、軟らかいため摩耗や変形しやすいです。生爪にはアルミニウム合金製のものもあり、軟らかいため成形しやすく、材料をキズ付けにくいことや軽いため遠心力によって把握力が低下しくにいことが利点ですが、摩耗や変形しやすいことが欠点です。

> **要点　ノート**
>
> 締付ねじを爪が外径方向に動くように（後退するように）回すと、爪をチャックから取り外すことができます。適当なタイミングで爪をチャックから取り外し、掃除するとよいでしょう。

【2】チャック

5. 生爪成形ホルダ（チャックメイト、ジョーロック）

❶口開き

　図3-5-1に、「生爪成形ホルダ」を示します。生爪成形ホルダは生爪を削る際、生爪の形状精度を高めるために使用する治具です。

　図3-5-2に示すように、材料の形状（外径や内径）に合わせて生爪を削るときには、爪「心金」や「リング」を固定します。爪に実際と同じ把握力（固定力）を加えないと、生爪の形状精度を高くすることができません。

　図に示すように、従来、生爪を削る際には主として心金やリングを使用していましたが、心金やリングを固定すると生爪に作用する力に偏りが生じ、爪全体で材料を掴む時と比較すると、生爪に作用する力の支点が異なります。たとえば、心金を掴んで削った生爪で材料を掴むと、生爪の前面が広がるようになり（前面に隙間が生じる状態になり）、回転振れや把握力の低下を招く要因になっていました。爪の前面に隙間が生じる状態を「口開き」といいます。

❷生爪成形ホルダの利点

　生爪成形ホルダは爪の前面のボルト穴を支点にするため、心金やリングのような保持力の偏りが生じにくく、回転振れや把握力の低下を抑制することができます。また、図に示すように、「通り抜け成形」や「張り成形」を行う際、リングを使用する場合には、加工径に合わせたリングを数種類用意する必要がありましたが、生爪成形ホルダはピンがスライドする長穴形状のためいろいろな加工径に調整することができ便利です。生爪成形ホルダはチャックメイトやジョーロックともいわれます。

| 図 3-5-1 | 生爪成形ホルダ |

生爪成形ホルダは爪の取付穴を支点にするため、把握力が安定し、心振れ精度が高くなる

図 3-5-2 | 生爪成形ホルダの利点

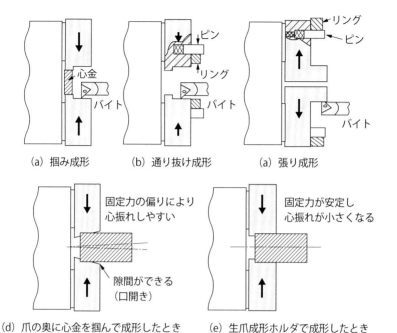

(a) 掴み成形　　(b) 通り抜け成形　　(a) 張り成形

(d) 爪の奥に心金を掴んで成形したとき　　(e) 生爪成形ホルダで成形したとき

一口メモ

● **許容最高回転速度** ●

チャックには「許容最高回転速度」があります。許容最高回転速度は指定の爪を使用し、重量・重心位置を規定した場合の最高使用回転速度のことで、主に製造メーカが指定していますが、許容最高回転速度は次の条件を満たす必要があります。

- 最大静的把握力で締付けた時、許容最高回転速度における「理論動的把握力」が「最大静的把握力」の1／3以上であること。
- エクスターナルジョーまたはエクスターナルジョーを取り付け、外周端をチャックボデー外周に一致させた状態で計算すること。

要点｜ノート

生爪を削る際のチャック圧（固定力）は実際に加工する際の固定力と同じにします。生爪を削る際の圧力と実際に加工するときの圧力が異なると、保持精度に影響します。また、生爪は実際に加工するチャックで削ることが大切です。

【2 チャック

6. 四つづめ単動チャック
（インデペンデントチャック）

❶仕組み
　図3-6-1に、「四つづめ単動チャック」を示します。四つづめ単動チャックはJIS B 6154で規定していましたが、1998年に廃止されました。四つづめ単動チャックは4つの爪（ジョー）が90°間隔に配置され、各爪に締付ねじがあり、締付ねじを回すことによって対応する爪だけを半径方向に移動させることができます。名前の通り、単動ですから4つの爪が単独に動くということです。

❷特徴
　四つづめ単動チャックは爪が独立して移動し、締付力が分散されないため、材料の締付力（固定力）が三つ爪スクロールチャックよりも強いです。したがって、四つづめ単動チャックは材料が大きく、重量の場合や荒加工に適しています。また、爪が独立して移動をするため爪が摩耗している場合やキズがある場合でも主軸の回転中心と材料の軸心が一致するよう微調整できることも利点です。また、旋盤加工では、主軸の回転中心と材料の軸心をずらして、材料を偏心させながら加工することも可能です。さらに、角材など丸棒以外の複雑な形状の材料を掴むこともできます（図3-6-2、図3-6-3）。
　ただし、4つの爪が単独で動くため、主軸の回転中心と材料の軸心を一致さ

図 3-6-1 ｜ 四つづめ単動チャック（インデペンデントチャック）

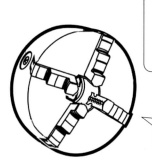

四つづめ単動チャックは角材など丸棒以外の複雑な形状の材料を掴むこともできる

四つづめ単動チャックはインデペンデントチャックともいわれる

せる心出し作業や偏心作業など爪の微調整には一定のスキルが必要です。
　四つづめ単動チャックの爪は反転させることにより、「内爪」・「外爪」両方に使用できます。

図 3-6-2 | 四つづめ単動チャックの利点（その1）

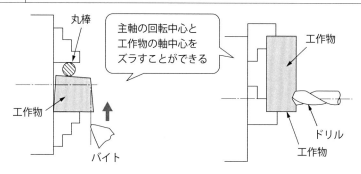

図 3-6-3 | 四つづめ単動チャックの利点（その2）

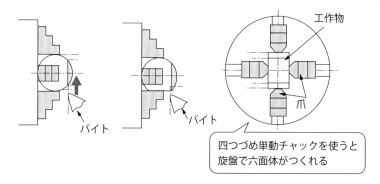

一口メモ

● **工具の管理（水と湿気は大敵）** ●

　作業工具を使い終わったら、ウエスで拭き、潤滑剤などを塗布してから保管します。とくに水に濡れたら、しっかりと水分を拭き取り、乾燥させてから潤滑剤を塗布します。作業工具は大切に使えば一生ものです。防錆に努め、長く使ってください。

要点 ノート

四つづめ単動チャックと三つ爪スクロールチャックを交換するのが面倒な場合には、四つづめ単動チャックを外爪にして、三つ爪スクロールチャックを取り付ければよいのです。親亀の上に子亀を乗せる感じですね。

【3 磁力を使ったチャック

7. 電磁チャック

❶特徴

　図3-7-1に、「電磁チャック」を示します。電磁チャックはJIS B 6156で規定されていましたが、2000年に廃止されました。電磁チャックは工作機械に搭載し、磁力（マグネット）で材料を固定するチャックです。チャックといっても掴む機構ではなく、磁力で材料を固定します。したがって、磁性のない材料は固定することができません。また、当然ですが、停電や断線など電力が供給されない場合も固定力は作用しません。

❷吸着の仕組み

　電磁チャックは「電磁石」を内蔵したチャックです。電磁石は磁極用鋼材の周りをコイルで覆い、このコイルに電流を流して磁石をつくります。電流を切ると磁力がなくなり、材料を取ることができます。

　図3-7-1に示すように、細い部分が非磁性体で、非磁性体の両側に位置する部分が「継鉄（けいてつ）」といわれ、2つの磁石を磁力線で結合するための鉄心です。継鉄は「ヨーク」ともいわれます。継鉄は磁力線が通りやすい不純物の少ない純鉄や低炭素鋼（S15C相当）が使用されます。このため、電磁チャックはとても軟らかく、キズが付きやすいため取り扱いには十分に注意が必要です。

　磁力線の通りやすさを表す指標を「透磁率」といいます。透磁率は空気を1とすると、継鉄は1000～10000倍です。電磁石から生じる磁力線は何処に向かうかわかりませんが、電磁石の近くに継鉄を配置することにより磁力線は透磁率の高い継鉄に集中します。

　図3-7-2に電磁チャックの原理（概念）を示します。図のように電磁チャックに電流を流すと、N極とS極の磁性が発生し、磁力線は継鉄と材料を介して結ばれます。これで材料を固定することができます。吸着力の強弱は流れる電流の大きさで制御できます。ただし、電流を流し続けることにより発熱し、形状精度に影響することがあります。図3-7-3に、電磁石の原理を示します。

❸セルフカット

　電磁チャックは低炭素鋼など軟らかいため、材料を落としたり、表面を滑らせるだけですぐにキズが付いてしまいます。そのようなときは、電磁チャック

| 図 3-7-1 | 電磁チャックの各部の名称 |

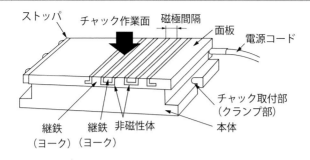

| 図 3-7-2 | 電磁チャックの吸着原理（概念） |

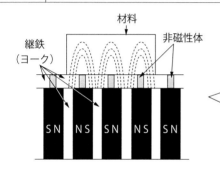

電磁チャックには電磁石が内蔵され、電流を流すと磁力が発生し、電流を切ると、磁力がなくなる。電磁石に使われる電流は直流なので、交流電源を直流に変換する必要がある

| 図 3-7-3 | 電磁石の原理 |

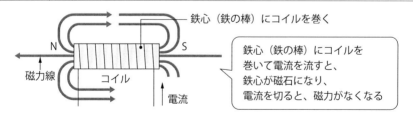

鉄心（鉄の棒）にコイルを巻いて電流を流すと、鉄心が磁石になり、電流を切ると、磁力がなくなる

表面全体にマジックでハッチング模様などに適当描き、マジックが取れる程度切削工具や砥石などで削ります。このように、電磁チャックを機上の切削工具や砥石で削ることを「セルフカット」といいます。セルフカットを行うことにより表面のキズがなくなり、平面度が甦ります。

❹使い方

電磁チャックの固定力（吸着力）は材料の形状（設置面の形状や面積）、材質、厚さ（高さ）、接地面の表面粗さ、平面度、熱処理の有無などによって変わります。次頁に、その例を示します。

図 3-7-4 | 材料の置き方と固定力の関係

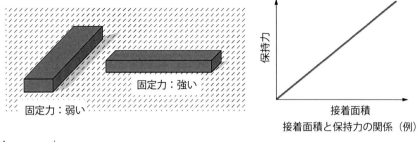

接着面積と保持力の関係（例）

図 3-7-5 | 材料の板厚と固定力の関係

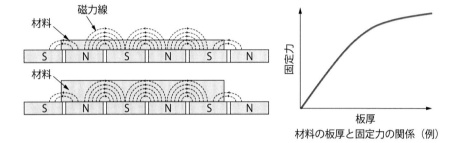

材料の板厚と固定力の関係（例）

1. 材料の置き方（位置・方向）と固定力の関係

　図3-7-4に示すように、材料の置き方によって固定力が変わります。固定力は材料をできるだけ多くの継鉄（または非磁性体）を跨ぐように置いた方が強くなります。また、極端な例では継鉄にだけ材料を置くと十分な固定力を得ることができません。材料の設置面積が小さいときには、材料の周りをブロックなど補助的なもので囲むとよいでしょう。電磁チャックの四隅付近は中央と比べて固定力が弱くなります。

2. 材料の厚さと固定力の関係

　図3-7-5示すように、板厚が薄い（高さが低い）材料は磁力線が材料を突き抜けてしまい固定力が得られにくくなります。このため、板厚が薄い材料では磁極間隔が小さいものを使用します。一方、板厚が厚い材料では磁極間隔が大きいものを使用します。目安として、材料の板厚（高さ）が磁極間隔の半分以上である場合には、磁極線が材料の上面から突き出ないため（磁気が材料の内部を通り、材料の外部に漏れないため）、理想的な固定力を得ることができます。また、磁力線が材料から突き出さないため、切りくずが材料上面につきにくくなる利点もあります。

図 3-7-6 | 材料の材質と固定力の関係

材料の材質と固定力の関係（例）

図 3-7-7 | 表面粗さと固定力の関係

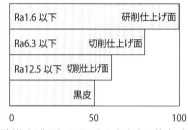

材料の表面粗さと固定力の関係

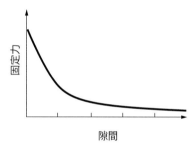

チャック表面の隙間と固定力の関係（例）

3. 材料の材質と吸固定力の関係

図3-7-6に示すように、材料の材質よって透磁率（磁力の帯びやすさを示す指標）が異なるため固定力が変わります。一般に、炭素量が多く、硬い材質ほど比透磁率が低くなるため固定力が低下します。また、同じ材質でも熱処理したものは固定力が低くなります。

4. 材料の表面粗さと吸着力の関係

図3-7-7に示すように、電磁チャックの表面と接する箇所の材料の表面粗さが悪い（粗い）場合には、接地面に隙間が生じるため固定力が低下します。材料を固定する際には電磁チャックの表面に切りくずや塵などを挟まないよう注意が必要です。

> **要点 ノート**
>
> マグネットチャックは材料を表面に引き込むように固定力（吸着力）が作用し、左右方向には固定力は作用しません。切削抵抗など左右方向に力が作用する場合には、力に対向するように補助ブロックなどを配置し、固定力を高めます。

【3. 磁力を使ったチャック】

8. 永久磁石チャック（永磁チャック）

❶特徴

図3-8-1に、「永久磁石チャック」を示します。永久磁石チャックはJIS B 6157で規定されていましたが、1998年に廃止されました。永久磁石チャックは電気を使用しないため電磁チャックよりも省エネで、発熱もないため熱膨張などの精度変化がないことが特徴です。また、「永久磁石」は構造がシンプルで、低価格なことが利点ですが、残留磁気が大きく材料が取りにくいのが欠点です。

❷吸着の仕組み

図3-8-2に、永久磁石チャックの磁力のON/OFFの仕組みを示します。図に示すように、磁力のON/OFFは「継鉄（ヨーク）」をスライドさせることで可能です。

左図のように磁力線が継鉄から材料を経由する場合には吸着し、右図のように継鉄をズラすと、磁力線の経路が変わり、磁力線は材料を経由しなくなります。つまり、磁力線が継鉄同士の近道を通過する場合には材料は吸着しません。したがって、材料を取り外すことができます。

磁力線が強力な場合には磁力線を切り替えるために大きな力が必要になります。このため、永久磁石チャックなどでは「てこ」を利用したレバー機構などが使用されています。

図 3-8-1 永久磁石チャック

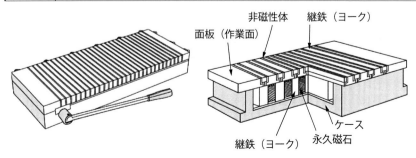

図 3-8-2 永久磁石チャックの吸着原理

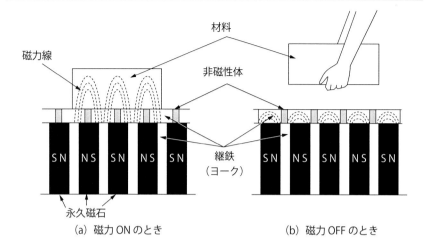

(a) 磁力 ON のとき　　　(b) 磁力 OFF のとき

一口メモ

● 鉄と鉄鋼の違い ●

鉄はもっとも有名な構造材料の1つです。しかし、自私たちが見る（使う）鉄は純粋な鉄（Fe）ではなく、炭素を2%程度含んでいます。鉄と炭素（C）の合金を鉄鋼（または鋼：はがね）といいます。したがって、私たちが見る（使う）鉄の本当の名称は鉄鋼（鋼）です。

さらに、鉄鋼は炭素の含有量や添加されている合金元素によりいろいろな種類があり、特性が変化し、用途によって使い分けられています。炭素の含有量が多くなると硬くなり、Niが多くなると粘り強さが向上します。また、タングステン（W）やモリブデン（Mo）が多くなると耐摩耗性が向上します。合金元素は鉄鋼の性質を向上させる「魔法の粉」といったところです。

要点｜ノート

永久磁石チャックや電磁チャックの表面付近は強力な磁力線が帯びています。時計やスマートフォンなどの電子機器などを近づけると、故障の原因になるため注意してください。

【3】磁力を使ったチャック

9. マグネットスタンド

❶吸着の仕組み

　図3-9-1に、「マグネットスタンド」を示します。マグネットスタンドは永久磁石を使用しており、仕組みは永久磁石チャックと同じです。

　図3-9-2に、マグネットスタンドの仕組みを示します。図に示すように、OFFのときは、磁力線はマグネットスタンド内部を通り、外部には漏れません。このため磁力は働きません。一方、ONのときは、磁力線は土台部分を通過するため、マグネットスタンドと土台は吸着します。

　このように、磁石の磁力線はN極から出てS極に戻り、材料は自らが磁力線の短絡路となることで吸着します。一方、吸着した材料を磁力線から引き離すには別の短絡路を設けて磁力線を切り替えてやればよいのです。

❷V溝の意義

　マグネットスタンドの下面がV溝形状になのには理由があります。図3-9-3に示すように、マグネットスタンドの下面が平坦な場合には、N極とS極が近く、磁力線が最短距離に集中するため、安定な吸着力が得られなくなります。一方、マグネットスタンドの下面をV溝形状にすると、N極とS極が遠くなり、磁力線がマグネットスタンドの両端を通るため、安定な吸着力を得ること

図 3-9-1 | マグネットスタンド

マグネットスタンドは磁力線をコントロールしている

ができます。

　マグネットスタンドの下面は全面が土台と接触するようにします。磁力は接触面積が大きいほど強くなり、接触面積が小さいほど弱くなります。一定以上の接触面積がないと、本来の磁力を得ることはできません。

図 3-9-2 | 吸着原理

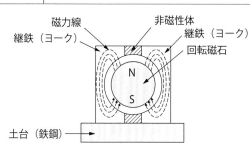
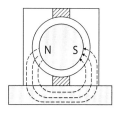

(a) OFF のとき　　　　　　　　　　(b) ON のとき

磁力線は継鉄を貫通するため、　　　磁石を 90°回転すると、磁力線
マグネットチャックは土台に吸着しない　は土台を貫通するため吸着する

図 3-9-3 | V溝の意義

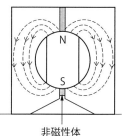
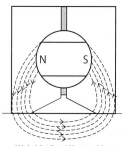
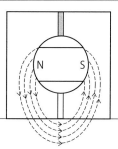

(a) OFF のとき　　　　(b) ON のとき　　　　(c) ON のとき

off のとき磁力線は　　磁力線がV溝の両端に　　V溝がないと
外にもれない　　　　　集中するため　　　　　磁力線は中央に集まり、
　　　　　　　　　　　幅広く強い力が働く　　　固定力が不安定になる

> **要点 ノート**
>
> 継鉄（ヨーク）は外部の磁力線によって一時的に磁性を帯びますが、磁性の保持力が小さいため、磁力線を取り去ればただの鉄鋼（軟鉄）に戻ります。つまり、磁力線を帯びているときは磁石の延長として作用しますが、磁力線を取り除くと残留磁気を帯びずに鉄鋼に戻ります。

【4】ドリルチャック

10. ドリルチャック

❶ JISによる決まりごと

図3-10-1に「ドリルチャック」、表3-10-1にドリルチャックの種類を示します。ドリルチャックはJIS B 4634に規定されており、「工作機械用」と「携帯電気ドリル用」に分類されます。工作機械用のテーパ式、普通形MGがもっとも円周振れが小さく、高精度です。

図3-10-2に各部の名称を、表3-10-2に規格を示します。ドリルチャックの大きさは呼び寸法で決められており、呼び寸法は把握できるドリルの最大外径

| 図 3-10-1 | ドリルチャック |

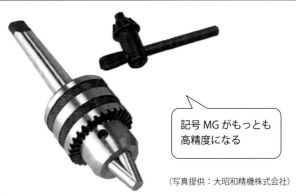

記号MGがもっとも高精度になる

(写真提供：大昭和精機株式会社)

| 表 3-10-1 | ドリルチャックの種類 |

単位mm

種類			記号	円周振れ
工作機械用	テーパ式	普通形	MG	0.08以下
			E [1]	0.20以下
携帯電気ドリル用	テーパ式	普通形	E [1]	0.20以下
		軽量形	EL	
	ねじ式		ELB	

注 (1)：記号Eについては、工作機械用と携帯電気ドリル用の区別はない。

第3章 取付具・固定具

図 3-10-2 | 各部の名称と寸法

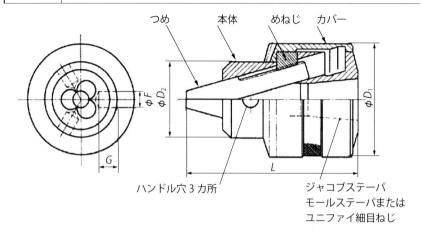

ハンドル穴3カ所
ジャコブステーパ
モールステーパまたは
ユニファイ細目ねじ

表 3-10-2 | ドリルチャックの規格

普通形 (単位:mm)

呼び寸法	D_1 (最大)	D_2 基準寸法	D_2 許容差	L (最大)	F 基準寸法	F 許容差	$G^{(2)}$ (最小)	カバー 歯数(枚)	カバー 直径ピッチ	使用できるドリル径の範囲
5	33	22	±1	50	4	+0.1 0	5.5	26	22	0.5〜5
6.5	38	26		58	5.5		6.5	28	20	0.5〜6.5
10	46	31		70	6.5		8.5	30	18	0.8〜10
13	55	38		90	8		9.5	32	16	1.2〜13
16	60	44		98	9		10.5	32	14	3.2〜16

軽量形 (単位:mm)

呼び寸法	D_1 (最大)	D_2 基準寸法	D_2 許容差	L (最大)	F 基準寸法	F 許容差	$G^{(2)}$ (最小)	カバー 歯数(枚)	カバー 直径ピッチ	使用できるドリル径の範囲
6.5	35	22	±1	53	4	+0.1 0	5.5	26	22	0.8〜10
10	41	26		65	5.5		6.5	28	20	1.2〜13
13	47	32 33		82	6.5		8.5	30	18	2.0〜13 1.2〜13

注 (2):G寸法は、貫通しても差し支えない。

と同じです。たとえば、呼び寸法10のドリルチャックで把握できるドリルの外径は10mmになります。ドリルチャックは把握できる最大外径に近い径で掴む方が安定かつ精度良く、ドリルを把握することができます。つまり、外径

10mmのドリルは呼び寸法10のドリルチャックを使用するのがよいということです。

ドリルの爪（掴む部分）の硬さは53HRCまたは560HV以上、カバー、ハンドルの歯部、ハンドル穴部の硬さは30HRCまたは300HV以上と規定されています。ドリルチャックのテーパはジョコブステーパまたはモールステーパで、ユニファイ細目ねじの場合もあります。ドリルチャックのカバーとハンドルの歯車はインボリュート歯車が使われています。

❷使い方

ドリルチャックはチャックハンドルを使用して3つの爪を開閉させてドリルを掴む機構になっており、ボール盤、電気ドリル、汎用旋盤、フライス盤などで使用されるもっとも汎用的なホルダです。通常、ドリルの振れ精度は0.03mm〜0.1mm程度と比較的悪いため、精度が要求される穴あけ加工には適していません。ドリルチャックは高速度工具ソリッドドリルに適したホルダですが、保持力が弱いため、高速回転で使用する超硬合金ソリッドドリルでは保持力が負けてドリルが滑ることがあります。把握力はコレットチャックの1/4程度です。ドリルを締め付ける場合は1カ所の穴だけではなく、3カ所の穴を均等に締め付けます。3カ所の穴を均等に締めることで締付力の偏りが小さくなり、精度良くドリルを掴むことができます。

❸キーレスドリルチャック

図3-10-3に、「キーレスドリルチャック」を示します。キーレスドリルチャックは爪の開閉にチャックハンドルを使用せず、手で締める機構のホルダです。チャックハンドルが不要でドリルの脱着が簡便で、使い勝手のよいホルダです。キーレスドリルチャックは回転方向の切削抵抗（切削トルク）によって自動的に保持力が高くなる構造をしています。ただし、ドリルチャックと同様に、ドリルの振れ精度と保持力がそれほど高くないため、高精度な穴あけ加工には適しません。

図 3-10-3 ｜ キーレスドリルチャック

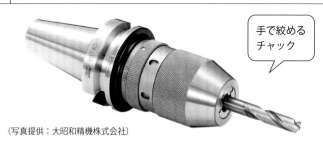

（写真提供：大昭和精機株式会社）

| 図 3-10-4 | モールステーパシャンクホルダ |

(写真提供：大昭和精機株式会社)

| 図 3-10-5 | コレットチャック |

(写真提供：エヌティーツール株式会社)

❹モールステーパシャンクホルダ

図3-10-4に、「モールステーパシャンクホルダ」を示します。モールステーパシャンクホルダはテーパシャンクドリルを保持するホルダで、テーパ面が密着することによって拘束されます。振れ精度はテーパ面のあたりに影響されますが、0〜0.03mm程度で高いです。テーパシャンクの高速度工具鋼ドリルで高精度な穴あけを行うときに最適なホルダです。モールステーパホルダにはシャンクの端部の形状がタング式と引きねじ式の2種類があります。

❺コレットチャック

図3-10-5に、「コレットチャック」を示します。三つ爪チャックや四つ爪チャックは爪で材料を掴むのに対し、コレットチャックはコレットのすり割りの分割数によって材料を包み込むように把握するため、1点にかかる圧力が小さく、圧力が分散し、材料の把握部分全体を傷付けずに強力に固定することができます。コレットと材料が全周面で当たり、接触面積が大きく、振れ精度が高いことも特徴です。保持力、振れ精度はテーパの角度、コレットの縮み代によって変わり、テーパの角度が小さいほど保持力、求心性が高くなります。ドリルの振れ精度は0mm〜0.02mm程度です。元来はヨーロッパで主流に使用

されていたホルダです。コレットチャックには「シングルアングルコレット」と「ダブルアングルコレット」があります。

また、コレットチャックは**図3-10-6**に示すように、外径把握と内径把握があります。コレットは開閉の繰り返しや口径部の摩耗により把握精度が低下します。コレットは消耗品なので、把握精度が低下した場合には交換が必要です。

図 3-10-6 | コレットチャック（内径把握と外径把握）

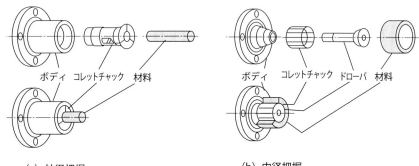

(a) 外径把握　　　　　　　　(b) 内径把握

一口メモ

● **日本のねじは火縄銃からはじまった** ●

1534年、種子島に漂着したポルトガル船によって火縄銃が日本に持ち込まれました。火縄銃の銃尾に使われていたのが「ねじ」です。当時は鉄の丸棒に糸を巻き、この糸に沿って、やすりで削っていたそうです。また、めねじは熱した銃尾におねじを挿入し、ハンマで叩いて成形されていたとのことです（熱間鍛造）。昔は鍛冶屋さんと呼ばれる職人さんが多くおられました。

【 第4章 】
手仕上げ作業で使用する工具

1 ハンマ

1.片手ハンマ

❶ JISによる決まりごと

　図4-1-1に、「片手ハンマ」を示します。片手ハンマは板金作業や組立作業などで材料やピンなどを叩くための工具です。片手ハンマは頭部が金属製で、片側が平頭、もう片側が丸頭になっています。平頭はピンなどの打込みや組立・脱着調整などに使用します。平頭といっても完全な平坦でなく、R（半径）100ほどの丸みがついています。丸頭は釘やリベットの頭だけを狙って叩き、材料にキズを付けたくないときや加締め（カシメ）たいときに使用します。また、鉄板を曲げたりするときにも際に使用します。

　従来、片手ハンマはJIS B 4613に規定されていましたが、1993年に廃止され、現在JISでは規定されていません。従来の規定に則ると、大きさは頭部の重さで分類され、呼び番号は1/4や1/2、3/4、1、2、3などがあります。呼び番号はポンド（重さの単位）を示しており、「1ポンド」は約450gです。つまり、呼び番号1の片手ハンマの頭部の重さは約450g、呼び番号1/4の片手ハンマの頭部の重さは約100gになります。頭部の硬さは平頭が40〜50HRC、丸頭は35〜45HRCで、平頭は丸頭よりも硬いです。柄は木製や金属製があり、木製は叩く力が直接手のひらに伝わるので、微妙な力加減が必要なノミやタガネ、彫金などに適し、金属製のものは握る部分がゴムになっていることが多く、滑り止めになり、手にかかる負担が少ないので長時間の作業に適しています。

図 4-1-1 ｜ 片手ハンマと両口ハンマ

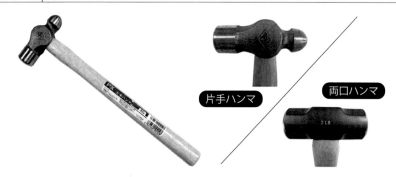

❷使用する時の注意点と失敗しないコツ

　力は「質量×加速度（$F = ma$）」ですから、頭部が重いほど、振り下ろす速度が速いほど、叩く力は大きくなります。片手ハンマは頭部が重いほど叩く力が大きくなりますが、重すぎると振りにくくなる（扱いにくくなる）ため、作業に適した大きさのものを選択します。通常、呼び番号1（頭部の重さ450g、1ポンド）が使用されます。片手ハンマは平頭側が丸頭側より重いので重心が平頭側に寄っています。このため、平頭側が真下に向きやすくなるので上から下へ材料を叩きやすいです。ただし、打撃力が高く、1回の打撃で材料が大きく変形し、加工硬化も大きいため注意が必要です。弱く打つ時は柄の内側を持って叩き、強く打つ時は柄の外側を持って叩きます（図4-1-2、図4-1-3、図4-1-4参照）。

| 図 4-1-2 | 片手ハンマの使い方 |

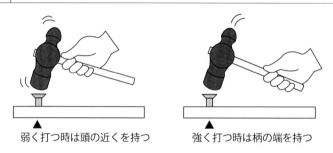

弱く打つ時は頭の近くを持つ　　強く打つ時は柄の端を持つ

| 図 4-1-3 | 片手ハンマと両口ハンマの重心の違い |

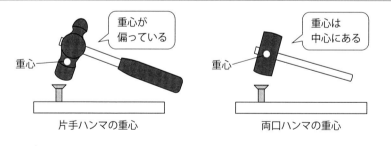

片手ハンマの重心　　両口ハンマの重心

| 図 4-1-4 | 打撃面と材料は直角になるように叩く |

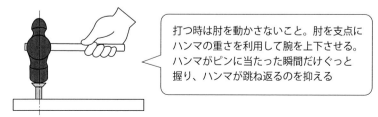

打つ時は肘を動かさないこと。肘を支点にハンマの重さを利用して腕を上下させる。ハンマがピンに当たった瞬間だけぐっと握り、ハンマが跳ね返るのを抑える

1 ハンマ

2. いろいろなハンマ

　ハンマはいろいろな場面で使用され、家庭でも必需品の1つといえます。ハンマは頭部の材質が金属と非金属に大別されます。非金属のものには木やゴム、プラスチック、ウレタン、銅などがあり、これからは材料にキズが付きにくいことが利点です。以下に特徴を示します。

❶木ハンマ（もくハンマ）
　図4-2-1に、「木ハンマ」を示します。木ハンマは「木槌（きづち）」といわれることもあり、主として板金作業に使用されます。木ハンマは1回の打込みによる金属の変形量が大きくないため、変形時の加工硬化を小さくできます。したがって、加工初期の大まかな成形や薄くて面積の広い成形に適しています。

　木には木目があるため、平坦面で叩くと割れることがあります。片手ハンマは平頭部の平面が材料と直角になるように叩きますが、木ハンマは頭部の角で材料を叩きます。木ハンマは質量が軽いため、頭部の広い面で叩くと打撃力を大きくできません（打撃力は力×加速度：$F = ma$ です）。したがって、木ハンマはできる限り打撃力を大きくするため、打撃力を一点に集中させた方が良いので頭部の角で叩きます。木ハンマは頭部の角で材料を叩くことを覚えてお

図 4-2-1 ｜ 木ハンマ

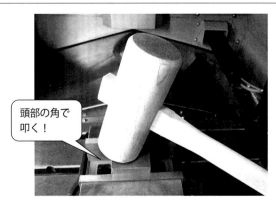

てください。なお、片手ハンマは柄の反対側（頭部側）の端面からくさびを打ち、柄を広げて頭部を固定していますが、木ハンマは柄を頭部に通して固定するため柄が頭部から突き出すことになります。

　木ハンマは打った手応えが手にも耳にもわかりやすいため、微妙な調節ができ、板金作業に適しています。ただし、斜めに当たるなど、叩き間違えると材料にキズがつくことがあります。一方、ゴムハンマは手応えが鈍感ですが、強力に叩いても材料にキズは付きません。このため、ゴムハンマは板金作業で金属板の形状を修正するような作業に適しています。材料にキズが付くか、付きにくいかが、使い分けのポイントといえます。

❷ショックレスハンマ

　頭部に小さな鋼球を内蔵し、打撃時、反動で跳ね上がりにくく、衝撃を吸収できること（ショックレス）が特徴です。手に衝撃がひびかないので作業効率が高く、打撃力も高いため組立・調整作業などに使用します（図4-2-2）。

❸ゴムハンマ

　頭部がゴムで軟らかく、軽作業用ハンマです。家具などの木製品の組立や薄い板材の板金、材料にキズを付けたくない場合に使用します。

❹プラスチックハンマ

　頭部がプラスチックで、組立・調整作業や板金作業で使用します。頭部が摩耗した際には交換可能です（図4-2-3）。

❺ウレタンハンマ

　ハンマ全体がウレタンで覆われているので、打撃力が高い一方で、材料にキズが付きにくいです。組立・調整作業や板金作業で使用します。

図4-2-2　ショックレスハンマ

| 図 4-2-3 | プラスチックハンマ | 図 4-2-4 | 両口ハンマ |

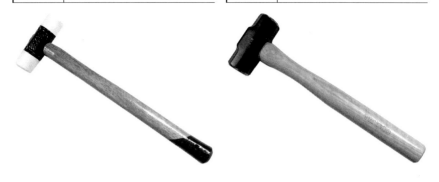

❻銅ハンマ

　片手ハンマと同じ程度の打撃力がある一方で、材料をキズ付けにくいことが特徴です。このため、金型の組立・調整作業など材料をキズ付けてはいけない作業に使用します。また、銅ハンマは打撃時に火花が出ると危険な場所で使用されます。

❼両口ハンマ

　両口ハンマは「金槌（かなづち）」、「ゲンノウ」といわれるもので、建築や土木作業全般で使用されるハンマです。両口ハンマは両側の打撃面が同じに見えますが、片方が平面で、もう片方が曲面（丸みを帯びた面、凸面）になっています。通常は平面で釘を打ちます。曲面で釘を打つと、釘の頭に当たった際に滑りやすく上手く打てません。曲面は釘の頭を木材の面と揃える際に使用します。平面で打つと木材に叩いた後が残りますが、曲面は木材の表面に打撃痕が残りにくいです。木材にキズを付けたくない場合には、当て木を置いて叩くことも有効です（**図4-2-4**）。

● 弾性と塑性 ●

　材料には力を加えると変形し、力を取り除くと元に戻る性質（弾性）があります。しかし、大きな力を加えると、元に戻らなくなってしまいます（塑性）。元に戻るか、戻れなくなるかの境界線を「降伏点」とい、完全に元にもどる範囲を「弾性域」、元に戻れなくなる範囲を「塑性域」といいます。ねじやボルトなどは弾性域で使用しなければいけません。

2 やすり

3. 組やすり

　図4-3-1に、「組やすり」を示します。組やすりはJIS B 4704に規定されています。組やすりは異なった形状のやすりを組み合わせて1組とし、5本組、8本組、10本組、12本組の4種類があります。ただし、8本組は楕円形を除いて7本組とすることができます。

　材質は合金工具鋼（SK8）またはこれ以上の品質のものと規定しています。目切り部の硬さはHRC62以上で、HRC56～58の試験棒を使用して「むらなく、すべりなく」やすりがかけられないといけないと定められています。

　目の種類は各形とも「中目（ちゅうめ）」、「細目（さいめ）」、「油目（あぶらめ）」の3種類があり、目数は1インチ（25.4mm）あたりの数を示しています（**表4-3-1**参照）。

図 4-3-1　組やすりの形状と種類

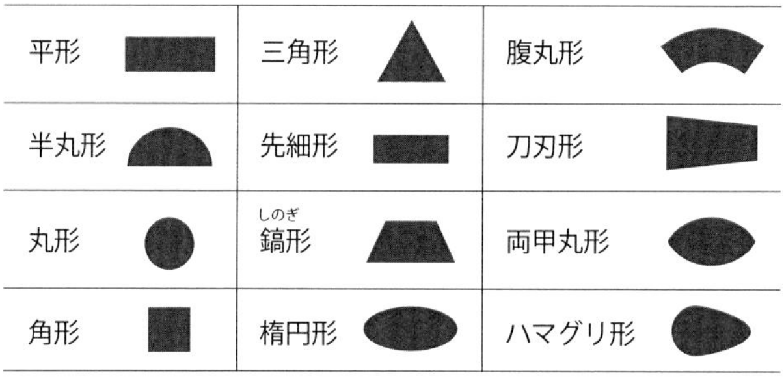

平形	三角形	腹丸形
半丸形	先細形	刀刃形
丸形	鎬形（しのぎ）	両甲丸形
角形	楕円形	ハマグリ形

表 4-3-1　組やすりの目の種類と目数

種類	上目（ウワメ）数			下目（シタメ）数			目数の許容差
	中目	細目	油目	中目	細目	油目	
5本組	45	70	110				
8本組	50	75	118	各目数とも上目数の80～90%とする			±10%
10本組	58	80	125				
12本組	66	90	135				

2 やすり

4. 鉄工やすり

❷ JISによる決まりごと

　図4-4-1に「鉄工やすり」を、図4-4-2に鉄工やすりの形状と用途を示します。鉄工やすりはJIS B 4703に規定されています。鉄工やすりは刃部の断面形状によって「平形、半丸形、丸形、角形、三角形」の5種類あり、材質は炭素工具鋼（SK2）以上と定められています。

　図4-4-3に、目の種類を示します。

　鉄工やすりの目は切削工具の切れ刃に相当し、主として「単目」と「複目」があります。単目はやすりの穂先に対して右上がりに60〜80°傾けて一方向に目を切った形状をしており、仕上げ面がきれいになり、やすりの品質の差がはっきり出やすいのが特徴です。

　一方、複目は目が交差するように二方向に切られた形状をし、先に切った目を「下目（したメ）」、後に切った目を「上目（うわめ）」といいます。上目は穂先に対して右上がり、下目は右下がりになっています。上目はやすりの軸に対して70〜80°傾き、下目は40〜50°傾いています。上目は下目よりも溝が深く、上目は切削、下目は切りくずを排出する働きをします。

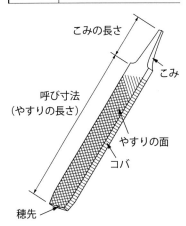

図4-4-1 鉄工やすり

図4-4-2 鉄工やすりの形状と用途

名　称	断面形状	主な用途	
平形	▬	平面の仕上げ	▬
半丸形	⌒	曲内面の仕上げ、すみの仕上げ	
丸形	●	丸穴の仕上げ	●
角形	■	直交する二面の仕上げなど	■
三角形	▲	直角より小さい角をもつ二面の仕上げ	▲

第4章 手仕上げ作業で使用する工具

そのほか、代表的な目の種類として、「鬼目」と「波目」があります。両者とも単目と複目に比べて切削性能が良く、目づまりしにくく、アルミニウム合金などの非鉄金属、軽合金、樹脂、木材などの加工に適します。

表4-4-1に示すように、鉄工やすりの目は25mmあたりの数で規定されており、「荒目（あらめ）、中目（ちゅううめ）、細目（さいめ）、油目（あぶらめ）」の4種類があります。荒目が目の数がもっとも少なく、中目、細目、油目の順番に目の数が多くなります。ただし、目の数は呼び寸法（やすりの長さ）によって異なります。

JISでは鉄工やすりの目切り部の硬さはHRC62以上でなければならないと規定しています。切削工具として多用される高速度工具鋼（ハイス）の硬さはHRC65程度、超硬合金はHRC80程度です。つまり、鉄工やすりで高速度工具鋼や超硬合金を削ることはできませんが、炭素鋼（S50Cなど）はHRC20程度

図 4-4-3 │ 目の種類

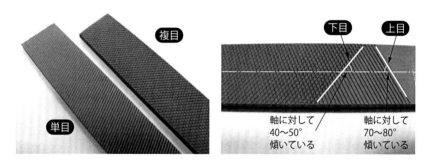

表 4-4-1 │ 荒目、中目、細目、油目の目数

呼び寸法	上目（ウワメ）数				下目（シタメ）数				目数の許容差
	荒目	中目	細目	油目	荒目	中目	細目	油目	
100	36	45	70	110					
150	30	40	64	97					
200	25	36	56	86	各目数とも上目数の80〜90%とする。				±10%
250	23	30	48	76					
300	20	25	43	66					
350	18	23	38	58					
400	15	20	36	53					

目数は25mmあたりの数を示す

備考 1. 単目やすりの場合は、この表の上目数を適用する。
　　 2. コバの目数は、上目数と同一の単目にする。

ですので簡単に削ることができます。

❷正しい使い方

　やすりの目は切削工具の切れ刃と同じ働きを持ち、切れ刃が工作物に食い込む方向に動かすことによって材料を削ることができます。やすりの目はやすりを押す方向に向いているため押すときにのみ力を加えます。一方、引くときに力を加えるとやすりの目が潰れます。

　やすりが目づまりした場合には、「ワイヤブラシ」を目の方向に沿うように動かすと、詰まった切りくずを取ることができます。また、やすり目に「チョーク」を刷り込むと、チョークがやすり目の余分な油を吸収するため切りくずが付着しにくくなり、目づまりを抑制できます。ただし、錆びやすくなるので使用後のメンテナンスはしっかりと行うことが大切です。なお、角部を削るときにはコバが壁に接触するのでテーパ状に加工しておくと便利です（図4-4-4参照）。

　図4-4-5のように、やすりには表裏があり、中高な面が表（または腹）で仕上げ削りに使用し、平坦な面が裏（または背）で荒削りに使用します。表裏の見分け方はやすり面を注意深く見れば目視で判別できますが、平坦な面にやすり面を置き、やすり面を指で押さえると表裏の差を確認することができます。表裏が確認できたら、表裏がすぐに判別できるように目印を付けておくと加工時に便利です（図4-4-6、図4-4-7参照）。

❸直進法、斜進法、併進法

　やすりがけを行う方法には、「直進法」、「斜進法」、「併進法」の3種類があります。直進法はやすりを直進させて行う加工法で、仕上げ面がきれいになります。斜進法はやすりを右斜めに動かして行う加工法で、1回あたりの切削量が多いで広い面を削るときや荒削りに適します。併進法はやすりを横に持って行う加工法で、幅の狭い長いものを仕上げるのに適しています（図4-4-8参照）。

❹国産と外国産

　日本国内で使用されるやすりの約90％は広島県呉市仁方（にがた）でつくられ、やすりは地場産業になっています。日本製のやすりは良品ですが、スイス製の「バローベ」、アメリカ製の「ニコルソン」は目づまりが少なく、耐久性は日本製よりも優れているといわれます。海外では精密時計、装飾品、楽器など手づくりの歴史が深く、職人といわれる方々の社会的地位が高いことにもやすりの品質に影響しているといえそうです。

図 4-4-4 | 角部を削るときにはコバをテーパ状に加工しておくと便利

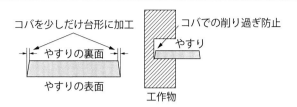

図 4-4-5 | 鉄工やすりの表裏

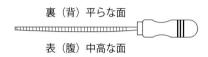

図 4-4-6 | 均一な力でやすりをかける　　図 4-4-7 | 不均一な力では平坦にならない

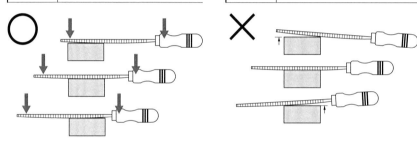

図 4-4-8 | 直進法、斜進法、併進法

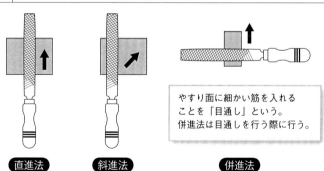

やすり面に細かい筋を入れることを「目通し」という。
併進法は目通しを行う際に行う。

要点 ノート

やすりがけの技能を評価する国家試験には治工具仕上げ作業、金型仕上げ作業、機械組立仕上げ作業の3職種があります。コンピュータを使った金属加工が進化しても、最後は人の手が必要です。

❰2❱ やすり

5. 紙やすり

❶研磨材

図4-5-1に、「紙やすり」を示します。紙やすりはJIS R 6252に規定されており、JISでは「研磨紙」と定義しています。紙やすりは和紙やクラフト紙などを基材として、その表面に接着剤によって「研磨材」が均一に固着された構造をしています（図4-5-2参照）。

研磨材の種類は「天然」と「人造」に大別され、従来はガーネットやエメリーと呼ばれる天然石を粉砕したものを使用していましたが、近年では人造がほとんどです。人造の研磨材にはダイヤモンド、CBN、アルミナ、炭化けい素、ジルコニア、酸化セリウム、シリカなどがありますが、紙やすりに使用される研磨材は主としてアルミナと炭化けい素です（表4-5-1参照）。

用途を簡略的に大別すると、アルミナは鉄鋼材料やステンレス鋼などの金属材料の磨きに適し、炭化けい素はアルミニウム合金や黄銅、ガラスなどの非鉄金属の磨きに適します。

❷粒度

研磨材の粒子の大きさは「粒度」という指標で表現されますが、粒度は粒子の大きさを直接表した値ではなく、粒子を選別したときに使用される「ふるい」の網目の大きさを表しています。たとえば、粒度80は1インチ×1インチの四角形を縦と横を分割し、80個の目を持つ「ふるい」で選別した粒子の大

| 図4-5-1 | 紙やすり（研磨紙） |

| 図4-5-2 | 紙やすりの構造 |

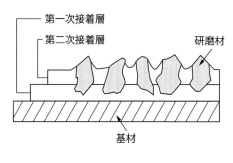

きさという意味になります。つまり、粒度の値が大きくなると、ふるいの網目が小さくなるので、粒子の大きさは小さくなります。粒子が小さい研磨材ほど除去能率は低くなりますが、鏡面に仕上げることができます（**表4-5-2参照**）。

❸粒度の記号（＃とP）

1991年以前のJISでは「研磨布紙用研磨材」の粒度は、粒度を表す数値の前に＃（メッシュ）を付けて表記していましたが、1991年から粒度を表す数値の前にPを付けて表記するようになりました（JIS R 6010）。同じ粒度の場合、＃とPではPの方が少し粗く（粒径が大きく）、粒径のバラつきが小さくなっています。

表 4-5-1　紙やすりに使用される研磨材の種類

研磨材の材質による区分	研磨材の種類（記号）
アルミナ質研削材	A、WA、PA、HA、AZ
炭化けい素質研削材	C、GC
ガーネット	G
けい石	F

表 4-5-2　紙やすりに使用される研磨材の粒度

研磨材の粒度	P30、P36、P40、P50、P50、P80、P100、P120、P150、P180、P220、P240、P280、P320、P360、P400、P500、P600、P800、P1100、P1200、P1500、P2000、P2500

一口メモ

● **固く締まったねじは温める** ●

硬く締まったねじを無理やり回すと、すり割りや十字穴を痛めます。このときは、アイロンをねじの頭に30秒程度接触させ、その後、少し冷まします。ねじは熱で膨張し、冷えて収縮するため、ねじ山と材料に隙間ができ、ねじを回しやすくなります。

要点｜ノート

紙やすりの基材には非耐水性、耐水性、布、メッシュシートなどがあります。耐水性は水などに濡れても破れにくく、布は電動工具で使用しても破れにくいです。メッシュシートは目詰まりしにくいのが特徴です。

【3】のこぎり

6.金切鋸（金のこ）

❶決まりごと

図4-6-1に、「金切鋸(かなきりのこ)」を示します。金切鋸は手作業で金属を切断する際に使用する切削工具です。金切鋸は字のように、金属を切断するための「のこぎり」ですが、木工作業で使用するのこぎりと使い方が違います。木工作業で使用するのこぎりは刃が柄の方向に向いているので引く時に力を入れると切断できますが、金切鋸は刃が柄の反対方向に向いているので押す時に力を入れると切断できます。したがって、のこ刃を交換するときには、刃が柄の反対方向に向くようにし、張力が多少生じるようにピンと張るようにて取り付けます。

表4-6-1に示すように、のこ刃の長さは、のこ刃の取付穴の中心間距離で規定されており、200mm、250mm、300mmがありますが多用されるのは250mmです。また、のこ刃の刃数は1インチ（25.4mm）あたりの刃数で規定されており、14刃（刃と刃の間隔1.8mm）または18刃（刃と刃の間隔1.4mm）がよく使用されます。

「のこ刃」の材質は炭素工具鋼、合金工具鋼、高速度工具鋼が使用されています。

❷歯振（あさり）

図4-6-2に示すように、のこ刃が波状になっていることを「歯振（あさり）」

図 4-6-1 | 金切鋸

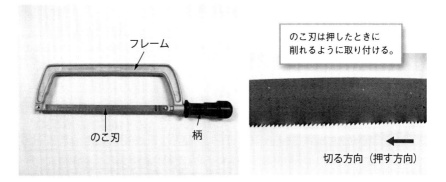

といいます。本来、歯振は、のこ刃の側面と材料が擦れるのを防ぐことを目的として設けられたものです。刃先と刃厚が同じ厚さだったとすると、切断幅が刃厚と同じになるため、切断時、のこ刃が材料に挟まれ、のこ刃を材料から抜くことができなくなってしまいます。金切鋸では刃先を波形にすることによって切断幅を刃厚よりも大きくし、切りくず詰まりを防止する効果も担っていま

表 4-6-1 　のこ刃数の規定（JIS B 4751）

刃数（25.4mmにつき）	参考
	刃のピッチ（mm）
10	2.5
14	1.8
18	1.4
24	1
32	0.8

図 4-6-2 　あさり

歯振は切りくずを詰まらせない工夫

歯振があることで、のこ刃の厚みより切断幅が広くなるため、のこ刃と材料の間に隙間ができ、切断中にのこ刃が材料に挟まることなく、切断することができる。

図 4-6-3 　正しい使い方

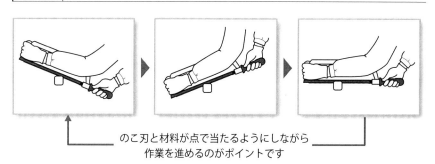

のこ刃と材料が点で当たるようにしながら作業を進めるのがポイントです

す。木工用ののこぎりは刃が交互に外側に曲がっており、これも歯振といいます。

❸使用上の注意事項

　図4-6-3のように、金切鋸を使用する時のコツは両足を広げ、利き手で柄を握り、利き手と逆の手でフレームを持ち、両手を使って削ります。そして、のこ刃は工作物と線状に接触させる（のこ刃と工作物を水平に当てる）のではなく、のこ刃と工作物を点接触させるようにすると（のこ刃と工作物を斜めに当てる）と小さな力で切断することができます。また、のこ刃を使用し続けると目づまりが生じるので、適宜、のこ刃と工作物が接触する位置を変えることもポイントです。軟鋼や硬鋼を切断する際には、潤滑性を持たせるため適宜切削油剤を使用するとよいでしょう。のこ刃を多少バーナーなどで加熱すると刃に粘り強さが生まれ、折れにくくなります。弓のこは英語で「hacksaw（ハクソー）」というので、生産現場では、金切鋸を「（ハンド）ハクソー」という場合もあります。

❹弓のこ盤、帯のこ盤、丸のこ盤

　のこを使用して材料を切断する工作機械には、「弓のこ盤」（図4-6-4）、「帯のこ盤」（図4-6-5）、「丸のこ盤」（図4-6-6）があります。

　弓のこ盤は金のこを電動化したもので、刃の直線線往復によって材料を切断の仕組みは同じです。帯のこ盤は環状刃を回転・直線運動することによって材料を切断する工作機械です。丸のこ盤は円形の刃の回転運動によって材料を切断する工作機械です。

　弓のこ盤、帯のこ盤、丸のこ盤を上手に使用するポイントは切断作業に応じて刃のピッチを適正に選択することです。表4-6-2に、のこの刃数と用途の目安を、図4-6-7に切断加工の主なトラブルと対策方法を示します。切断面が粗い場合には刃のピッチを細かくし、切断面が曲がる場合には刃のピッチを粗くすると改善されます。また、刃のピッチは等間隔よりも不等間隔の方が振動を抑制され、刃の寿命が長くなります。

　表4-6-3に、刃数の違いによる利点と欠点を示します。

表4-6-2　のこの刃数と用途の目安

25mmあたり刃数	用途
14山	軟鋼、アルミニウム合金、鉛、プラスチック
18山	黄銅、鋳鉄
24山	パイプ材、硬い材料、ワイヤケーブル
32山	

第4章 手仕上げ作業で使用する工具

図 4-6-4 | 弓のこ盤

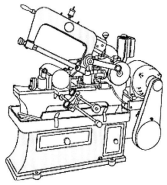

図 4-6-5 | 帯のこ盤

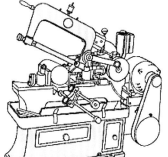

図 4-6-6 | 丸のこ盤

図 4-6-7 | 切断加工の主なトラブルと対策方法

- 切断面が粗い
  ⇒刃のピッチを細かくする
- 切断面が曲がる
  ⇒刃のピッチを粗くする
- 刃が欠ける
  ⇒切断速度を低くする
- 振動する
  ⇒不等間隔の刃を使用する

表 4-6-3 | 刃数の違いによる利点と欠点

歯数	少ない	多い
適した材質	中・厚物（鉄鋼・ステンレスなど）	薄板（トタン・アルミサッシなど）
利点	・切断スピードが速い（切断時の抵抗が少ない）。 ・切りくずの排出が容易	・切断面の仕上がりがきれい ・切断時に板が暴れにくい ・滑らかに切断ができる、バリが少ない ・パイプ（薄肉）の切断に適している ・直進性にすぐれる
欠点	・切断面が粗い、バリが発生しやすい	・切りくずが詰まりやすい

要点 ノート

のこ盤の刃のピッチは材料の厚さよりも必ず小さくなくてはいけません。たとえば、材料の厚さが 1.5mm の場合では、18 山（ピッチ 1.4mm）は OK ですが、14 山（ピッチ 1.8mm）は NG です。

【4】といし

7. 油といし（オイルストーン）

❶油といしの材質

図4-7-1に、「油といし」を示します。油といしは油を含ませて（油を塗布して）使用するといしです。形状は長方形や丸棒、三角棒などいろいろなものがあります。

油といしは「天然のもの」と「人造のもの」があり、近年はアルミナを主成分とした人造のものが主流です（図4-7-2参照）。天然のものではアメリカのアーカンソー州で採掘できるノバキュライトと呼ばれる珪石（石英）からつくられた「アルカンサスといし」が有名です（図4-7-3参照）。

ノバキュライトはアーカンソー州の山脈以外ではほとんど採掘できない石で、貴重な研磨用といしです。油といしは硬いため金属材料の表面の凹凸除去や磨き、面取りなど手仕上げ作業のさまざまな箇所で多用されています。

❷水といし

日本では油といしよりもといしを水に浸けてから包丁などを研ぐ「水といし」が有名です。古来、日本で使用されていたといしは砂岩を利用していたので水が浸み込みやすかったことや、日本は島国で水が豊富であったことから油といしよりも水といしが一般的になったといわれています。水といしは軟らかく摩耗が早いことや、水を塗布するため金属材料に使用すると錆びることから

図4-7-1 | いろいろな形状の油といし

油といしは油を付けて使用する。粘度の低い鉱物油が適している

| 図 4-7-2 | 人造もの（アルミナ砥粒） | 図 4-7-3 | 天然もの（アルカンサスといし） |

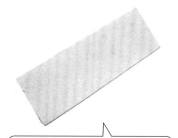

粒子が均一で尖っているため、切れ味が良い

天然のため粒度は不均一だが、油の浸透に理想的な微孔がある

工業用としては使用されません。

　油といしも紙やすりと同じように、粒度があり、粗加工では粒度の低いものを使用し、仕上げ加工で粒度の高いものを使用します。

❸インディアといし

　といしの中に油を含有しているといしで、油を塗布することなく作業を行うことができます。

一口メモ

● 刀の模様 ●

　刀の刃には、波のような模様を見ることができます。この模様を『刃文（はもん、じんもん）』といいます。刀は硬く、粘り強くするために、熱処理を行いますが、その際、硬さや粘り強さを調整するために、刃先に土を置きます。この工程を「土置き」といいます。土を薄く置いた部分と厚く置いた部分では温度変化の速度が変わるため、硬さや粘り強さが変わります。つまり、土置きをした部分では金属の組成が異なるため、刃文が現れるのです。

要点｜ノート

油といしや水といしを使用すると、一部が摩耗し、凹みます。平面に戻したいときは、ガラス板の上で炭化けい素の紙やすりを敷き、少しの油や水を供給しながら摺合わせるとよいでしょう。

5 ポンチ

8. ポンチ（センタポンチ）

❶役割

　図4-8-1に、「ポンチ」を示します。ポンチの形状は鉛筆のように先端が円錐形になっており、先端はHRC58程度に熱処理された炭素工具鋼や超硬合金が埋め込まれています。

　ポンチは材料に目印を付けるためのケガキ工具の一種です。たとえば、ドリルを使って材料に穴をあける際、ドリルの先端を合わせる目印（穴の中心の目印）として、ポンチの先端を材料に押し付け、小さなくぼみを付けます。

　図4-8-2に示すように、ポンチはドリルの先端を合わせる目印だけではなく、ドリルを誘導する役割もあります。ドリルの先端は鋭くないため、平坦な材料ではドリルがうまく食い込まず、きれいな穴をあけることができません。きれいな穴をあけるためには、ドリルの先端を誘導することが必要で、そのために、くぼみが必要になります。つまり、ドリルを使って穴あけ加工を行う際のくぼみは、ドリルの先端を合わせる目印と誘導する2つの役割があるということです。最近では、ハンマで叩かずに、バネの力を使って、片手でくぼみを付けられる自動ポンチも市販されています。

❷正しい使い方

　図4-8-3に示すように、ポンチの先端を穴をあけたい箇所に合わせ、ポンチの後端をハンマで叩くと、材料にくぼみを付けることができます。穴をあけたい箇所はケガキ針やハイトゲージを使ってケガキを行い、ケガキ線で交点をつくるとよいでしょう。

　ポンチを打つ時のポイントは2つあり、1つ目は垂直に打つことと、2つ目は強く1回で打つことです。ポンチ打ちの手順は以下の通りです。くぼみを付けたい位置にポンチの先端を当てます。ポンチは利き手と逆の手の3本の指（親指、人差し指、中指）で持ち、ポンチの先端が自分から見えるようにして、奥から手前に滑らせるように位置を調整します。小指は工作物に接触させ、ポンチを支持するとよいでしょう。

　先端の位置を調整できたら、ポンチを材料に対して垂直に立てます。その後、片手ハンマを使ってポンチの後端を軽い力で叩き、わずかなくぼみを付

第4章 手仕上げ作業で使用する工具

図 4-8-1 ポンチと皮抜きポンチ

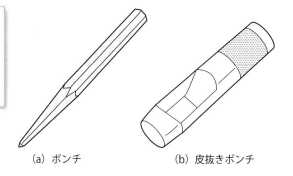

ポンチの先端が摩耗したり、欠けたりしたら基本的には買い替えになる。ポンチは消耗品なので大切に使う。

(a) ポンチ　　(b) 皮抜きポンチ

図 4-8-2 ポンチのくぼみとドリル先端の関係

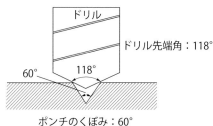

ポンチの穴の角でドリルを誘導することがきれいな穴をあけるポイント!!

図 4-8-3 ポンチ打痕の様子

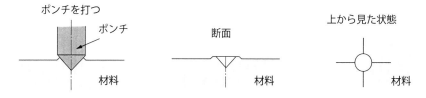

け、ポンチの先端が目的の位置と相違ないことを確認します。相違ないことが確認できたら、もう一度同じ場所にポンチの先端を合わせ、今度は強い力で一度だけ叩きます。ポンチは何度も叩いてはいけません。何度も叩くとポンチの

> **要点 ノート**
> ポンチの先端は 60°で、通常のドリルの先端は 118°です。ドリルの切れ刃が材料の角に接触するよう、ポンチのくぼみ（穴径）は 1〜2mm 程度、しっかりつくることが大切です（図 4-8-2 参照）。

位置がズレてしまい、くぼみがガタガタになってしまいます。ポンチは一度で決める！ことが大切です。

　万一、軽い力で叩いた時にくぼみの位置が目的の位置からズレていた場合には、ポンチの先端をズレた穴に食い込ませ、目当ての位置に向かって斜めに打って修正します。

　ポンチを打つ時は作業する場所も重要です。軟らかい場所ではポンチを叩いた時に衝撃が逃げてくぼみが付きにくくなります。ポンチは作業用定盤など硬い場所で打ちます。

　ポンチは正確な穴あけに欠かせない工程です。ポンチがきれいに打てなければ良い手仕上げ作業はできません。単純な作業だからこそ、正しい作業方法で丁寧に行うことが大切です。

❸皮抜きポンチの使い方

　皮抜きポンチは皮材などに穴をあけるためのポンチです。基本的な使い方は通常のポンチと同じで、穴をあけたい位置に皮抜きポンチを垂直に立て、後端をハンマで叩きます。すると、皮材に丸い穴をあけることができます。皮抜きポンチも作業台など硬い台の上で打ちます。

〔参考文献〕

1)「株式会社MonotaRO（モノタロウ）」ホームページ
2)「KTC 京都機械工具株式会社」ホームページ『工具の基礎知識』
3)「全国作業工具工業組合」ホームページ『正しい作業工具の使い方』
4)「作業工具のツカイカタ」（技能ブックス19）、技能士の友編集部編、大河出版、1975年
5)「写真・図解でプロが教えるテクニック 正しい工具の揃え方・使い方」堀田源治著、日本能率協会マネジメントセンター、2017年

【索引】

数・英

2枚合わせ	62
3枚合わせ	62
7：3の割合	16
A寸法	54
C形万力	89
E形トルクスレンチ	52
FCD50	84
G形万力	89
H形	13
PZ	14
S15CK	76
S45C（機械構造用炭素鋼）	79
SCM3（クロムモリブデン鋼）	79
SCr440	72
SK7	76
S形	13
TES	92
T形スライドハンドル	47
T形トルクスレンチ	52
V溝	108
Z形	14

あ

アーレンキー	49
アキュメント社	52
アタッチメント	48
油砥石	132
油目	121
アルミニウム鍛造品	79
アンギラ	74
アンギラス	74
アンビル	87
イグニッションスパナ	24
板スプリング	69
いたずら防止用トルクスねじ	54
インターナルジョー	95
インデペンデントチャック	100

インボリュート歯車	112
ウォータポンププライヤ	74
ウォームとラック	32
浮き上がり	91
内爪	96
内回し工具	39、54
ウレタンハンマ	119
上目	122
鋭角	22
永久磁石	106
永久磁石チャック	106
エクステンションバー	48
送り角	23
鬼目	122
帯のこ盤	130
オフセット角	26
オフセット形	26

か

回転運動	32
回転速度	46
角軸	11
角スライド	84
角胴形	84
角ドライブ	40、41
角ドライブの規格	42
片口	20
形削り用	92
硬爪	97
片手ハンマ	116
片刃ニッパ	69
片目片口スパナ	30
金切鋸	128
金槌	120
金床	87
下部爪	94
紙やすり	126
カムアウト	19

カムアウト現象	51
貫通形	8
ギア数	46
キーレスドリルチャック	112
機械保全作業	34
木槌	118
球状黒鉛鋳鉄	84
吸着力	103
強力級	9
強力ニッパ	68
許容最高回転速度	99
ギンナン	58
偶力	9
鎖パイプレンチ	81
口の二面幅	26
口の開き	72、98
組やすり	121
クランク形状	47
黒心可鍛鋳鉄	79
黒染め処理	42
クロム鋼	72
くわえ部	58
継鉄（ヨーク）	102、106
ケガキ	134
ケガキ針	134
ゲンノウ	120
研磨材	126
研磨紙	126
研磨布紙用研磨材	127
コイル	102
合金工具鋼	121
工具集約	42
工作機械用万力	92
高トルク	42
コーナレンチ	81
小形ニッパ	68
こじる	60
固定力	100
ゴムハンマ	119
コレットチャック	114
コンビネーションスパナ	30
コンビネーションプライヤ	72

さ

最大静的把握力	99
細目	121
差込角	40、41、48
磁性	12
下あご	32
下あご鍛造品	32
下目	122
締付精度	92
ジャコプステーパ	111、112
シャコ万力	88
斜進法	124
十字穴	14
十二角	43
手動用ソケット	42
上部ジョー	95
ジョー	94、100
ショートソケット	42
ショックレスハンマ	119
白管用パイプレンチ	81
心金	98
シングルアングルコレット	114
心出し	100
スクロールチャック	94
スタンダードソケット	43
ストレートタイプ	27
ストレート刃	70
スパナ	20
スパナの回転角	22
スパナの規格	21
スパナの呼び（口径）	21
スピーダーハンドル	47
スピンナハンドル	47
すり割り	10
静的精度	92
静的把握力	96
精密ドライバ	14
精密バイス	91
切断能力	71
設置形	88
セミディープソケット	43
セルフカット	102

ソケット	40
ソケットレンチ	40
ソケットレンチ変換アダプタ	48
外爪	96
外回し工具	39

た

ダクタイル鋳鉄	79
打撃スパナ	14、24
ダブルアングルコレット	114
タペットスパナ	24
短形（ショートタイプ）	26
炭素工具鋼	58
単目	122
チャールズ・モンキ	32
中目	121
長形（ロングタイプ）	26
チョーク	124
直進法	124
直線運動	32
直角度	92
ツーピースジョー	95
ディープソケット	43
テーパ式	110
てこ	106
てこの原理	60、74
鉄工やすり	122
電磁石	102
電磁チャック	102
透磁率	102
動的把握力	97
銅ハンマ	119
動力用ソケット	42
通り抜け成形	98
トップジョー	94
ドリルチャック	110
ドリルチャックの規格	111
トルクスねじの特徴	53
トルクレンチ	52
鈍角	22

な

長柄	36
斜めニッパ	68
生爪	97
生爪成形ホルダ	98
波目	122
二重六角	43
ニッパ	68
日本工作機器工業会規格	92
二面幅	42
ねじ回し	8
ねじ用十字穴	15
熱処理	60
のこ刃	128

は

バーコ形万力	89
配管	78
ハイトゲージ	134
パイプレンチ	78
ハクソー	130
歯振（あさり）	128
歯数	46
張り成形	98
非磁性体	102
非設置形	88
被覆管用パイプレンチ	81
標準ニッパ	68
フィリップス規格（H形）	14
フィリップス系のねじ	14
複目	122
普通級	9
プライヤ	72
プラスチックニッパ	68
プラスチックハンマ	119
プラスドライバ	12
フラット形	26
ふるい	126
分割爪	95
平行度	92
併進法	124
ヘキサゴンレンチ	49

ベタバイス	90
ヘックスローブ	52
変換アダプタ	48
偏心作業	100
ペンチ	58
ペンチの裏側	59
ペンチの握り方	60
ボールポイント	38
ポジドライブ	14
ポジドライブ規格（Z形）	14
ボックスレンチ	50
ボルスター	16
ポンチ	134

ま

マイクロドライブ	14
マイナスドライバ	8
マグネットスタンド	108
マシンバイス	92
マスタージョー	94
丸形	20
丸軸	11
丸胴形	84
丸のこ盤	130
丸ペンチ	76
丸ペンチの規格	76
万力	84
短柄	36
水砥石	132
めがねレンチ	26
めがねレンチとスパナの違い	29
めがねレンチの規格	27
めがねレンチの形状	27
モーメント	62、66
モールステーパ	111、112
モールステーパシャンク	113
木ハンマ	118
持ち手	18
モンキレンチ	32

や

やり形	20
ヤンキーバイス	90
ユニバーサルジョイント	48
ユニファイ細目ねじ	111、112
弓のこ盤	130
横万力	84
横万力の分解図	86
四つつめ単動チャック	100
呼び寸法	58

ら・わ

ラウンドタイプ	16
ラウンド刃	70
ラジオペンチ	64
ラチェット機構	46
ラチェットハンドル	46
リード線	69
粒度	126
両口	20
両刃ニッパ	69
理論動的把握力	99
リング	28、98
レバー機構	106
六角棒スパナ	36、49
六角棒レンチ	36、49
六角レンチ	49
ロングディープソケット	43
ワイヤブラシ	124
ワンピースジョー	95

著者略歴

澤 武一 (さわ たけかず)

芝浦工業大学　工学部　機械工学科　教授
博士（工学）、テックマイスター、ものづくりマイスター、1級技能士（機械加工職種、機械保全職種）

2004年2月	国家検定1級技能士取得（機械加工職種、機械保全職種）
2005年3月	熊本大学大学院修了　博士（工学）
2005年4月	職業能力開発総合大学校　精密機械システム工学科　助手
2005年6月	富士フイルムグループ フジノン佐野株式会社
	（現：富士フイルムオプティクス株式会社）にて実務研修
2010年4月	東京電機大学　工学部 機械工学科　准教授
2013年4月	芝浦工業大学 デザイン工学部 デザイン工学科 准教授
2014年7月	厚生労働省ものづくりマイスター認定
2020年4月	同学科 教授

専門分野　固定砥粒加工、臨床機械加工学、機械造形工学

著　書
- わかる！使える！マシニングセンタ入門
- 目で見てわかる「使いこなす測定工具」―正しい使い方と点検・校正作業―
- 目で見てわかるミニ旋盤の使い方
- 目で見てわかるエンドミルの選び方・使い方
- 目で見てわかるドリルの選び方・使い方
- 目で見てわかるスローアウェイチップの選び方・使い方
- 目で見てわかる研削盤作業
- 目で見てわかるフライス盤作業
- 目で見てわかる旋盤作業
- 目で見てわかる機械現場のべからず集―研削盤作業編―
- 目で見てわかる機械現場のべからず集―フライス盤作業編―
- 目で見てわかる機械現場のべからず集―旋盤作業編―
- 今日からモノ知りシリーズ「トコトンやさしいマシニングセンタの本」
- 今日からモノ知りシリーズ「トコトンやさしい旋盤の本」
- 今日からモノ知りシリーズ「トコトンやさしい切削工具の本」
- 今日からモノ知りシリーズ「トコトンやさしい切削工具の本　第2版」
- 絵とき「旋盤加工」基礎のきそ
- 絵とき「フライス加工」基礎のきそ
- 絵とき　続「旋盤加工」基礎のきそ
- 基礎をしっかりマスター「ココからはじめる旋盤加工」
- 目で見て合格　技能検定実技試験「普通旋盤作業2級」手順と解説
- 目で見て合格　技能検定実技試験「普通旋盤作業3級」手順と解説

- 教育用映像ソフト　金属切削の基礎（上巻、下巻）
- 教育用映像ソフト　旋盤加工の基礎（上巻、下巻）
- 教育用映像ソフト　チップの選び方（上巻、下巻）
- 教育用映像ソフト　フライス加工の基礎（上巻、下巻）
- 教育用映像ソフト　研削加工の基礎（上巻、下巻）
……いずれも日刊工業新聞社発行

NDC 532

わかる！使える！作業工具・取付具入門
〈原理〉〈使い方〉〈勘どころ〉

2018年10月30日　初版1刷発行
2024年 5 月10日　初版 5 刷発行

定価はカバーに表示してあります。

©著者	澤　武一	
発行者	井水 治博	
発行所	日刊工業新聞社	〒103-8548 東京都中央区日本橋小網町14番1号
	書籍編集部	電話 03-5644-7490
	販売・管理部	電話 03-5644-7403　FAX 03-5644-7400
	URL	https://pub.nikkan.co.jp/
	e-mail	info_shuppan@nikkan.tech
	振替口座	00190-2-186076

企画・編集　　エム編集事務所
印刷・製本　　新日本印刷㈱（POD4）

2018 Printed in Japan　　落丁・乱丁本はお取り替えいたします。
ISBN　978-4-526-07886-6　C3053
本書の無断複写は、著作権法上の例外を除き、禁じられています。

日刊工業新聞社

わかる！使える！
【入門シリーズ】

◆ "段取り"にもフォーカスした実務に役立つ入門書。
◆ 「基礎知識」「準備・段取り」「実作業・加工」の"これだけは知っておきたい知識"を体系的に解説。

わかる！使える！マシニングセンタ入門
〈基礎知識〉〈段取り〉〈実作業〉

澤 武一 著

第1章 これだけは知っておきたい 構造・仕組み・装備
第2章 これだけは知っておきたい 段取りの基礎知識
第3章 これだけは知っておきたい 実作業と加工時のポイント

わかる！使える！溶接入門
〈基礎知識〉〈段取り〉〈実作業〉

安田 克彦 著

第1章 「溶接」基礎のきそ
第2章 溶接の作業前準備と段取り
第3章 各溶接法で溶接してみる

わかる！使える！プレス加工入門
〈基礎知識〉〈段取り〉〈実作業〉

吉田 弘美・山口 文雄 著

第1章 基本のキ！ プレス加工とプレス作業
第2章 製品に価値を転写する プレス金型の要所
第3章 生産効率に影響する プレス機械と周辺機器

わかる！使える！接着入門
〈基礎知識〉〈段取り〉〈実作業〉

原賀 康介 著

第1章 これだけは知っておきたい 接着の基礎知識
第2章 準備と段取りの要点
第3章 実務作業・加工のポイント

お求めは書店、または日刊工業新聞社出版局販売・管理部までお申し込みください。

日刊工業新聞社　〒103-8548　東京都中央区日本橋小網町14-1　TEL 03-5644-7410
　　　　　　　　　　https://pub.nikkan.co.jp/　FAX 03-5644-7400